KB004705

아프지말개
펫 비타민

KBS 〈펫 비타민〉 제작진 지음, 홍연정 감수

대국민 반려동물 건강검진 프로젝트

"셀럽 반려동물의 행동 관찰을 통해 살펴보는 건강 정보와 집사 멘탈 관리법"

orangeD

아프지말개
펫비타민

프롤로그

반려동물이 건강해지는 그날까지, 펫 비타민!

함께 외치던 우렁찬 구호에서 뿜어져 나오던 에너지를 떠올리면 힘이 납니다. 〈펫 비타민〉은 반려인들의 고민과 궁금증 해결, 반려견들을 위한 보다 쉽고 정확한 정보, 재미와 감동을 모두 제공하기 위해 각 분야의 전문가들이 머리를 맞대고 숱한 밤을 지새우며 한 회 한 회 정성껏 만든 프로그램입니다. 몇 개월 내내 수많은 분들이 오로지 반려동물의 건강과 행복을 고민한 만큼, 그 내용 또한 유익하고 흥미진진했습니다. 연예인들과 반려동물의 일상과 우리 집 반려동물의 행동 및 증상을 비교하며 함께 고민을 풀어볼 수 있었습니다. 또한 동물을 진심으로 아끼고 살피는 연예인들의 반려인으로서의 모습을 보며 친숙함과 감동을 느낄 수도 있었습니다. 어쩌면 사람이 반려동물을 돌보는 것이 아니라, 그들과 사랑을 주고받으며 우리의 삶이 풍요롭고 행복해지는 것인지도 모르겠습니다. 우리에게 사랑과 나눔을 가르쳐 준 동물을 이제는 우리가 지켜주어야 합니다.

2021년 9월

『펫 비타민』 감수자 홍연정

바야흐로,
원 헬스

우리는 사람과 반려동물의 행복한 공존을 꿈꿉니다. 전 세계적으로 반려동물과 반려인의 공동 건강에 대한 관심이 높아졌습니다. 동물이 건강해야 사람도 건강한 법이거든요. 최근 전 세계적으로 '원헬스(One Health)'가 주목받고 있습니다. 말 그대로 사람과 동물, 환경의 건강은 하나라는 건데요, 환경이 아프면 그 안에 사는 동물이 아프고, 동물이 아프면 사람도 아픕니다. 환경, 동물, 사람이 하나로 이어져 서로 밀접한 영향을 주고받고, 서로가 닮아가며 살아가기 때문이죠.

그렇다면, 반려인을 보면 반려동물의 건강도 보일까요? 최근 덴마크의 한 대학에서 반려인과 반려견 건강에 대한 연구를 했는데요, 과체중의 반려인과 사는 반려견들이 정상 체중 반려인과 사는 반려견보다 비만이 될 확률이 2배 이상 높다는 결과를 발표했습니다. 반려인의 역할이 중요하다고밖에 할 수 없겠네요.

최근 반려동물의 치매가 급증한다는 연구 결과도 발표됐는데요, 급증의 원인으로 반려인의 나쁜 습관을 꼽았습니다. 반려인의 운동 부족과 불규칙한 생활 습관이 반려동물에게 비만과 치매를 비롯한 현대사회의 건강 문제를 일으킨다는 것입니다. 반려인이 움직이면 반려동물은 더 활발하게 움직인다는 사실을 잊어서는 안 되는 대목

인 거죠.

보통 많은 분이 사람이 반려동물을 보호한다고 생각하는데, 사실 반려인과 반려동물은 서로 많은 도움을 주고받습니다. 무엇보다 혼자 살면서 반려견과 함께 생활하는 사람들은 동물을 키우지 않는 사람보다 사망률이 33% 낮고, 특히 심혈관 질환으로 인한 사망률이 36% 낮았다는 연구 결과가 있습니다. 특히 노년층의 경우 반려견과 함께 사는 사람이 그렇지 않은 사람보다 하루 평균 약 22분 정도 더 걷는다고 합니다. 개와 함께 생활하면 사회적 고립이나 우울감을 덜 느끼고 신체 활동을 더 활발히 하기 때문에 건강에도 많은 도움을 받게 됩니다.

반려인들이 반려동물을 보살핀다고 하지만, 실제론 반려동물이 반려인의 건강을 책임지는 부분이 많습니다. 반려동물이 반려인을 위기에서 구해준 사례를 많이 들어보셨을 겁니다. 강아지가 반려인의 코 냄새를 맡고, 다시 반려인의 얼굴을 보는 행동을 반복적으로 해, 이상하다고 느낀 반려인이 병원에 갔더니 코에 피부암이 자라고 있었다는 사실을 알게 된 사연도 있습니다. 영국에서는 어느 날부터 갑자기 강아지가 반려인의 겨드랑이에 자꾸 코를 파묻어 병원에 가보니, 유방암이 재발된 것을 발견한 사연도 있었죠. 미국에서 이를 뒷받침 하는 실험을 했었는데요, 비글에게 폐암 환자의 혈청과 일반인의 혈청을 구분해 보라 했습니다. 결과는 놀라웠습니다. 실험에 참여한 세 마리의 비글이 96.7%의 적중률로 폐암 환자의 혈청을 구분했다고 합니다. 강아지의 후각이 뛰어나기도 하지만, 함께 오래 살아가고자 하는 마음과 관심이 서로를 구하는 것 같습니다.

사람도 반려동물도 건강 시그널을 잘 캐치하고 개선해가면 더욱 건강해지고 행복해집니다. 반려동물과 반려인의 일상을 통해 건강을 체크해 보는 반려동물의 건강 지침서 『펫 비타민』, 지금 시작합니다.

2021년 9월

KBS <펫 비타민> 제작진

contents

강아지의 사회생활

강아지는 무슨 생각할까

비만, 만병의 근원

강아지가 비건이라고요?

올바른 식습관

먹여도 되나요?

이게 강아지 코 고는 소리라고요?

알레르기는 힘들어

산책을 싫어하는 강아지

움직이기 싫어하는 아이, 혹시 디스크?

노령견 섭생법

변마저 사랑스러운 우리 강아지

출산 경력이 있는 강아지의 중성화수술과 고혈압

강아지 심장 관련 질환

흔한 노령견 질환

나이 든 반려견과 함께하기

아프지말개
펫비타민

개는
아프다고
말하지 않는다

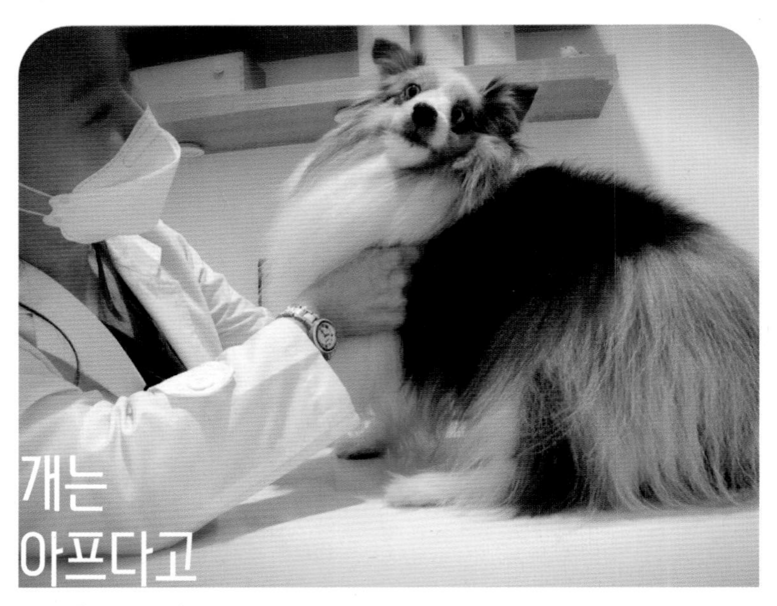

개는 아프다고 말하지 않는다

반려견 건강검진의 필요성과 방법

반려인들이 가장 처음 듣고 싶은 말이 뭘까요? "나 여기가 어떻게 아파요" 라고 합니다. 반려동물은 아픈 곳을 숨기려는 본능이 강합니다. 이미 아픈 걸 반려인이 알아챌 정도일 때 병원에 오면 그때는 많이 늦어버린 경우도 많습니다.

강아지가 아플 때 보내는 신호, 어떤 게 있을까요? 대표적으로 갑자기 식욕이 생기거나 반대로 식욕이 없으면 몸에 이상 신호가 왔다는 건데요, 당뇨병의 경우 먹어도 배고파지기 때문에 식욕이 늘어날 수 있고요. 구토도 의심해 봐야 합니다. 음식 또는 몸 안에 이물질이나 기생충 문제일 수도 있습니다. 또, 반려동물과의 스킨십이 줄어들었을 때도 통증이 있음을 의심해 봐야 합니다. 주로 골관절염이나 허리 디스크인 경우가 많습니다. 갑자기 배변 실수가 잦을 때는 주로 관절 쪽 질병을 의심합니다. 움직이기 힘들어 배변 장소가 아닌 곳에 실수를 하는 경우이죠. 뱅글뱅글 돌 때는 신경계 쪽을, 머리를 흔들면 귀 쪽 질병, 외이염 · 내이염의 가능성이 있습니다.

사람은 아프면 말을 해서 아프다고 할 수 있지만 동물들은 말을 할 수 없으니 반려인의 세심한 관찰이 더욱 필요할 것 같습니다.

건강검진 시기와 간격

반려동물을 처음 입양했을 때는 전염병 감염 여부를 포함한 전반적인 건강검진이 필요합니다.

1세 이하의 유년기에는 예방접종과 함께 한 달에 한 번씩 기본적인 검진을 받기를 권합니다. 5차 접종이 완료된 후에는 접종에 대한 항체가 잘 형성되었는지 확인하는 항체가 검사를 진행하는 것이 좋습니다.

성년기에 접어드는 1~6세 사이에는 2~3년에 한 번씩, 7세 이상의 중년, 노령 시기에는 6개월에 한 번은 건강검진을 받는 것이 좋습니다. 주로 검사하는 항목은 신체검사, 심장사상충 검사, 항체가 검사를 주로 하고, 혈액검사 소변검사, 신장검사 등을 필수로 합니다.

현재 건강 상태에 따라서 일부 항목은 더 자주 검사를 받는 것이 좋을 수 있으니 수의사 선생님과 검진 일정을 상담하고 진행하는 것을 추천드립니다.

반려동물의 시간은 사람보다 빠르게 흐르다 보니 장기의 노화나 질병이 빠르게 진행됩니다.

또한 아픔을 직접적으로 표현하지 못하기 때문에, 증상이 나타났을 때는 이미 질환이 한참 진행된 상태이거나 치료를 위해 많은 시간과 노력을 필요로 하는 경우가 많습니다. 그러므로 주기적인 건강검진을 통해 아이의 건강 상태를 확인하고, 질병의 진행 여부를 파악하여 아이의 건강을 지켜주는 것이 중요합니다.

우리 반려동물 친구들을 위한 건강검진에는 어떠한 항목이 있을까요?

기본적인 항목에는 신체검사와 혈액검사, 항체가 검사, 소변검사, 흉 · 복부 방사선 검사, 복부 초음파 검사 등이 있습니다.

먼저 신체검사는 시진, 촉진, 청진 등을 포함하며, 아이들의 눈, 귀, 피부, 관절 등의 이상 여부와 심박수를 통한 심장의 상태를 확인합니다. 피부염을 비롯한 염증과 슬개골 탈구나 고관절 탈구 같은 관절 질환, 심장 판막의 이상 여부 등을 파악하며 이상이 보인다면 추가적인 검사를 진행할 수 있습니다.

혈액검사를 통해 염증과 빈혈 여부, 간 기능, 비뇨기 기능, 혈액 내 단백질과 미네랄, 혈당 수치 등을 확인할 수 있습니다. 이를 통해 아이의 전반적인 영양 상태와 질환 여부를 파악할 수 있으며, 건강 상태와 나이에 따라 호르몬 검사나 심장, 신장 기능 검사 등이 필요합니다.

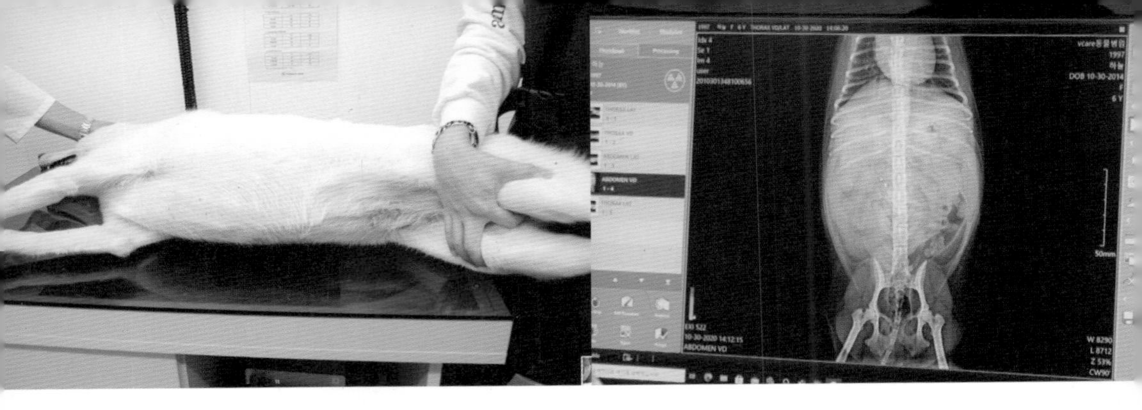

항체가 검사는 전염병을 이겨 내기 위한 항체가 몸 안에 충분한지 확인하는 검사로 주요 바이러스성 질병에 대한 접종이 완료된 후 진행합니다. 기준치 이상의 항체가 형성되지 못한 아이들은 보강 접종 후 항체가 충분히 생성되었는지 확인해야 합니다.

소변검사는 소변의 진하기, 성분을 분석하는 검사입니다. 이 검사를 통해 신장과 방광의 기능, 감염 혹은 염증 여부 등을 확인할 수 있습니다. 요로계 염증, 신장염, 요석, 신부전, 당뇨 등에 대한 선별검사나 진단검사로 활용됩니다.

흉 · 복부 방사선 검사는 X-ray를 이용하여 흉부와 복부 장기의 모양과 크기를 판단할 수 있는 검사입니다. 장기뿐만 아니라 각 장기와 연결된 혈관, 장기 내 종양 및 이물질 여부, 관절 이상 및 골절 여부 등을 확인할 수 있으며, 신경계 질환이나 종양이 의심될 경우 CT 및 MRI 등을 추가적으로 진행하기도 합니다.

복부 초음파 검사란 초음파를 이용하여 방사선 검사에서 확인하기 어려운 간 담도계, 소화기계, 비뇨기계 및 생식기계의 내부 모양과

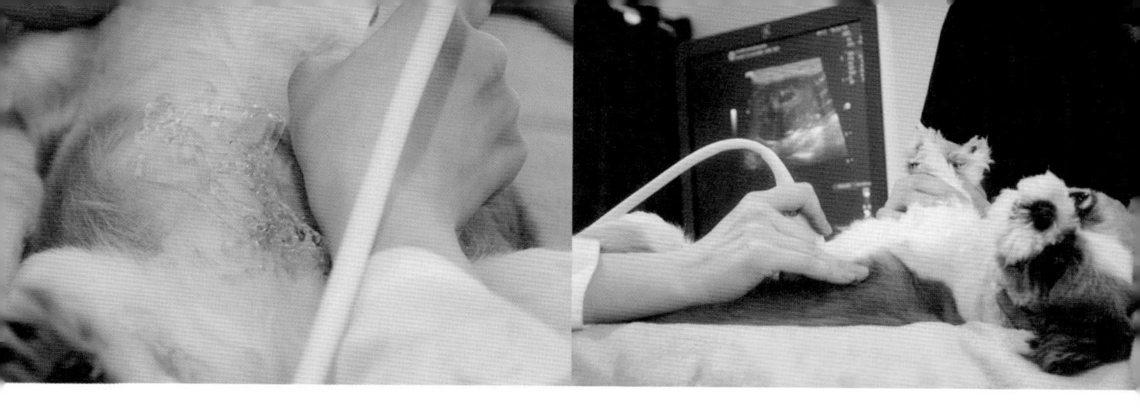

구조, 상태를 확인하는 검사입니다. 영상을 실시간으로 얻을 수 있어 장기뿐만 아니라 움직임 및 연결된 혈관의 혈류까지 측정할 수 있습니다.

정기적인 건강검진은 질병을 예방하고 건강을 지키기 위한 최선의 방법입니다. 꾸준한 건강검진을 통해 아이와 나의 건강한 반려 생활을 지켜주시기 바랍니다.

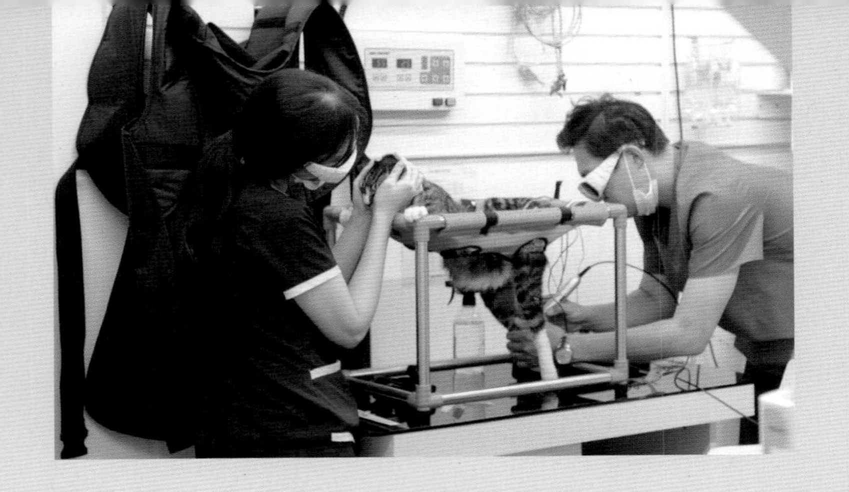

검진이 시급한 시그널

조금만 아파도 바로 얘기할 수 있는 사람과 달리 말을 할 수 없어 질병을 판단하기 힘든 반려동물은 질병 초기에 알아채지 못하는 경우가 많고, 뒤늦게 병원에 가면 치료 시기를 놓치는 경우도 많습니다. 대부분의 질환은 초기에 발견할수록 치료도 간단해지고 결과도 훨씬 좋아집니다. 보호자가 얼마나 빨리 알아차리고 병원에 데려가는지에 따라 치료 방법, 기간, 병원비, 치료 결과가 달라질 수 있어요. 특히 디스크 질환은 초기에 발견할수록 약물이나 침 치료만으로도 큰 효과를 볼 수 있지만, 늦게 발견할 경우 심한 마비가 올 수도 있어요.
아래의 반려견이 아플 때 보내는 신호를 주의 깊게 살펴봐 주세요.

☑ 잘 먹지 않는다.

동물들은 어딘가가 불편하면 먹는 양이 줄어요. 평소 잘 먹던 사료나 간식을 입에 대지도 않는다면 어딘가 아픈 건 아닌지 의심해 봐야 해요.

☑ 웅크리고 움직이지 않는다.

속이 거북하고 불편할 때, 심리적으로 불안하고 불편할 때도 잘 움직이려 하지 않아요. 활발하게 잘 놀던 아이가 갑자기 구석이나 눈에 띄지 않는 곳을 찾아 웅크리고만 있다면 다른 문제가 있는 게 아닌지 확인해주세요.

☑ 이유 없이 깨갱거리거나 날카롭게 짖는다.

몸에 닿지도 않았는데 갑자기 깨갱거리나요?

척추, 디스크, 관절 쪽의 통증이 있을 때 몸이 아프다는 신호를 이런 방식으로 강하게 보내요. 몸이 아픈 게 아니라면 마음이 아픈 경우입니다. 학대나 반복적인 폭행을 당한 기억이 있어서 그런 것일 수도 있어요.

강아지 나이 계산법

일반적으로 7세 이상을 노령견, 10세 이상을 고령견, 13세 이상을 초고령견으로 분류합니다. 한국 동물병원 협회에서는 소형견 나이를 사람 나이로 계산할 때, 2세까지는 24세로 계산하고, 그 이후부터는 1년에 다섯 살씩 먹는다고 계산하고 있습니다.

강아지		사람
1년	=	16세
2년	=	24세
3년	=	29세
4년	=	34세
⋮		⋮
7년	=	49세
⋮		⋮
10년	=	64세
⋮		⋮
13년	=	79세
⋮		⋮
15년	=	89세

강아지 나이 계산법

- 강아지 1살 = 사람 나이 16살
- 강아지 2살 = 사람 나이 24살
- 강아지 3살부터 소형견은 매년 사람 나이 기준 +5

아프지말개
펫비타민

우리는
펫밀리

더불어 살기

강아지의 인생 시계는 사람보다 5배 빠르다고 하는데요, 반려인이 집을 하루 비우면 강아지는 5일을 혼자 있게 되는 셈이 되네요. 반려동물은 보호자만 바라보고 기다리기 때문에 보호자가 하루 종일 집을 비워둔다는 건 반려동물 생의 많은 시간을 불행하게 만드는 일과 같은 것 같아요.

특히나 개들의 어린 시절은 1년밖에 안 돼요. 강아지의 1세는 사람의 16세와 같거든요. 두 살이 지나면 이미 성인이랍니다. 보통 15년을 산다고 치면, 개의 인생 중에 늙은 개로 보내는 시간이 깁니다. 그래서 반려견에겐 얼마나 오래 사느냐보다 옆에 보호자와 얼마나 더 많은 시간을 보내느냐가 중요합니다.

외로움이 병이 된다는 말도 있잖아요. 사람도 마찬가지로, 혼자보다는 둘, 둘보다는 셋, 많은 사람과 함께 사는 게 건강에 더 좋다고 합니다. 영국 정부에서는 외로움 담당 장관도 임명할 정도입니다. 사회적 관계 속에서 유대관계를 갖는 것은 건강에 아주 중요한 요소입니다. 외로움을 느끼는 사람은 그렇지 않은 사람에 비해 심장 질환 발병률은 29%, 뇌졸중 발병률은 33% 더 높은 것으로 나타났고요, 뿐만 아니라, 결혼 등 친밀한 관계를 유지하는 사람의 치매 발생률 또한 약 60% 낮다는 연구 결과도 있습니다.

노인과 강아지

반려동물을 가족으로 받아들이는 사람들이 많아지면서 반려견 문화가 정말 많이 바뀌었죠. 전에는 '애완동물'이라고 했지만 요즘에는 인생을 함께한다는 뜻의 '반려'를 써서 함께 살아가는 가족이라는 뜻으로 '반려동물'이라고 하잖아요.

반려동물과 하루 한 번 눈 맞춤을 하는 것만으로도 반려인의 행복도가 올라가고 동물과 접촉하는 것만으로도 불안이 줄어든다는 연구 결과도 있다고 해요. 반려동물 덕에 위로받고 행복을 느끼고! 그야말로 펫은 우리한텐 비타민 같은 존재인 것 같아요.

여기 반려견 육아 14개월 차에 접어든 여에스더 홍혜걸 부부를 보세요. 눈에 넣어도 안 아플 늦둥이 겨울이 덕에 질풍노도의 남성 갱

넌기를 겪던 혜걸 씨와, 이미 갱년기를 졸업한 에스더 씨의 냉랭한 사이가 화기애애해졌다고 하네요. 겨울이만 보면 혜걸 씨의 기분 좋은 노래가 멈추질 않네요. 그것뿐인가요? 처음엔 강아지 입양을 반대하셨던 혜걸 씨의 부모님 내외도 겨울이 덕분에 웃을 일이 많아졌습니다. 제주도에 사시는 부모님이 귀여운 겨울이를 자주 보고 싶어 하셔서 가족이 다 같이 모일 일도 잦아졌어요.

2015년 발표된 연구에 따르면 반려견과 친밀한 교감을 나눌 때, 인간과 개 양쪽 모두의 뇌에서 옥시토신이 분비된다고 해요. 옥시토신은 '정, 사랑, 신뢰의 호르몬'이라고 부르기도 하는데, 스트레스 완화와 신뢰감을 주는 호르몬이라 면역력을 향상시키고 치매 예방에도 도움이 됩니다.

반려견을 키우면 몸을 움직일 일이 많고, 책임감이 생기니 어르신들 건강이나 치매 예방에 큰 도움이 됩니다.

Q **어르신들에게는 반려견이 확실히 좋은 영향을 끼치는 것 같네요. 그렇다면 아주 어린 아이에게는 어떨까요? 신생아에게는 위험할 수도 있지 않을까요? 행여나 방심했을 때 해치지는 않을지 염려됩니다.**

A 결혼 전부터 기르던 강아지가 반려인이 아이를 낳고 예전처럼 관심을 주지 않아 질투해서 물고 할퀼까 봐 걱정하시는 분들이 있으세요. 물론 핥거나 밟고 지나갈 수 있습니다. 또한 아이가 반려동물을 괴롭히면서 사고가 날 수도 있어요. 아이에게도, 강아지에게도 서로 적응하고 훈련할 시간이 필요합니다. 서로 친해지고 배려하는 사회화 교육 시간을 가져주세요.

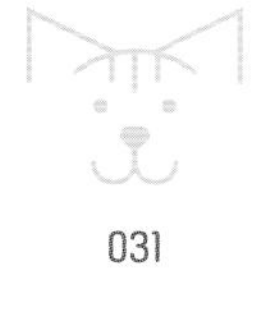

동물 털이 아이에게 좋지 않다는 얘기도 있는데, 털은 우리 몸속에 들어가 쌓이지 않고 걸러집니다. 아토피란 만성적인 습진성 질환으로 정상적 피부 기능과 보호 작용이 파괴된 상태를 말해요.

아토피의 원인은 생활환경, 음식, 비누부터 스트레스까지 매우 다양해서 정확하게 알 수 없어요. 아이가 태어날 때부터 반려동물과 함께 살았다면 아토피 원인이 반려동물일 확률은 거의 없습니다. 최근에는 오히려 반려동물과 함께 자란 아이들이 알레르기 유발인자 면역체계가 단련되어 알레르기에 강하다는 연구 결과도 있어요.

Q 임신 중입니다. 태아에게 강아지 털이 해롭다는 이야기를 들었습니다. 태어날 아기에게 알레르기가 생길 수도 있대요. 시댁에서 결혼 전에 기르던 강아지를 다른 집으로 보내라고 합니다. 정말로 아이에게 해롭나요?

A 동물 털이 엄마 몸속에 들어가 태아에게 영향을 주는 건 사실상 불가능해요.

Q **기존에 기르던 나이 든 반려견이 있는데, 동생 강아지를 새로 들였어요. 그런데 둘이 사이가 좋지 않네요. 해결 방법이 있을까요?**

A 정도가 심각하지 않다면, 보호자가 무작정 개입하기보단 잠시 지켜봐주세요.

싸우는 것 같지만 놀이일 수고 있고, 사회화하는 필수 과정일 수도 있어요. 두 강아지가 만날 때마다 간식을 주는 등 긍정적인 상황을 만들어주고, 둘이 싸우면 보호자가 무시하는 행동으로 부정적인 행동임을 인식시켜주세요. 식기, 방석 등의 물건을 각각 마련해 서서히 서로의 냄새가 있는 물건을 공유할 수 있게 해주는 게 좋아요.

Q **추가로 강아지를 입양할 때 고려할 점이 있다면요?**

A 둘째를 집에 들일 때는 첫째와 분리한 상태에서 천천히 집 안 곳곳의 냄새를 맡을 수 있게 해주세요.

가림막, 리드줄 등으로 신체 접촉을 최소화한 후 첫째와 둘째가 인사하게 하세요. 이때 맛있는 간식을 주어 서로에게 좋은 기억을 심어주세요. 보통은 둘째가 첫째보다 서열이 높습니다. 첫째가 너무 서운하지 않게 변함없이 예뻐해주세요.

Q **몇 년 전 길에서 엄마 잃은 아기 고양이를 데려와 함께 살고 있어요. 남자 친구는 계속된 파양으로 이 집 저 집을 떠돌던 강아지를 분양받아 키워왔는데요, 저희가 결혼을 하게 되었습니다. 개와 고양이가 함께 살아도 괜찮은 걸까요? 우리 각자에게 반려동물은 너무 소중한 가족입니다. 이 결합, 무사히 가능할까요?**

A 고양이는 원래 스트레스에 정말 취약한 아이들이에요. 영역 본능이 강한 동물이기 때문에, 다른 대상에 대한 경계심이 매우 높습니다. 건강한 고양이도 환경이 바뀌면 스트레스로 밥을 먹지 않거나, 이상행동을 보이는데요, 복막염, 변비, 방광염 등 스트레스 때문에 병이 발생하기도 합니다. 현재까지의 연구에 의하면 스트레스가 특발성 방광염에 영향을 준다고 나타났는데요, 스트레스가 심해져 병이 더 진행되면 신부전 등 심각한 병으로 발전할 수 있으니 스트레스 관리가 특히 중요합니다.

먼저, 생활환경에서 스트레스를 줄여주고 안심할 수 있는 고양이만의 영역이 필요하기 때문에 고양이 박스를 마련해주시면 좋을 것 같습니다. 고양이들은 몸에 꽉 끼는 곳에서 안정감을 느끼기 때문에 주변이 막혀 있는 박스를 준비해 자신의 박스에서 쉴 수 있게 하면 좋겠습니다. 그리고 캣닙 스프레이라는 게 있는데요, 개박하 나무의 꽃과 잎을 말려서 만든 캣닙에는 고양이의 감각 세포를 자극해 행복하게 만들어주는 성분이 있어 고양이들의 스트레스를 완화시킬 수 있습니다.

이와 같은 특성을 고려해 준비하면 개와 고양이도 함께 살 수 있습니다.

아프지말개
펫비타민

반려견과의 애정 생활

강아지는 뽀뽀를 좋아해

세 아이의 힙합대디 양동근 씨와 귀여운 반려견 미키와 엘사. 연이은 출산으로 산후 우울증을 겪던 아내에게 큰 힘이 되어준 배려 많은 미키와 에너지가 넘치는 막둥이 엘사. 특히 엘사는 활발하고 애교가 많아 아이들에게 활력과 사랑을 주고 있습니다.

유치원에서 하원한 아이들, 집에 오자마자 강아지들이 너무 반갑게 반기네요. 거침없는 뽀뽀 타임이 이어집니다. 일상화된 의식 같네요. 이번엔 목욕 시간. 욕조에 물을 가득 받아 아이들과 강아지가 함께 목욕합니다. 교감이 깊어지는 시간입니다.

Q **뽀뽀 타임! 애들이랑 강아지 사이가 좋네요. 강아지 안 키우시는 분들은 어쩌면 위생적이지 못하다고 느낄지도 모르겠어요. 강아지가 사람을 핥는 건 괜찮은 거죠?**

A 건강한 강아지라면 괜찮지만, 질병이 있는 경우에는 병이 옮을 수도 있으니 주의가 필요합니다. 주기적인 검진으로 반려견의 건강 상태를 체크하고 맘 편히 교감하세요.

Q **강아지가 사람 얼굴을 혀로 핥는 건 어떤 의미예요?**

A 여러 의미가 있는데, 대표적인 의미는 반려인에 대한 존경심과 감사한 마음을 표현하는 것입니다. 엘사의 경우는 가족들에게 사랑을 표현하는 것 같아요. 다른 의미는 음식이나 관심을 갈구하는 행동입니다. 강아지가 다른 강아지의 얼굴을 핥는 것도 이에 해당합니다.

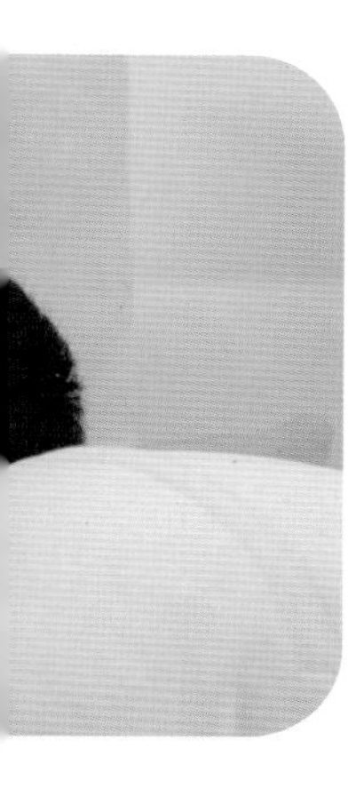

Q 강아지가 강아지 눈을 서로 핥아주네요. 눈곱을 떼주는 것 같기도 하고요. 저건 어떤 의미의 행동인가요?

A 친근감의 표시이며 동시에 사이가 좋다는 뜻이기도 해요. 하지만 어쩌면 눈에 염증이 있는 것일지도 몰라요. 염증이 생기면 냄새가 발생하여 다른 강아지가 눈을 핥아주기도 하거든요. 눈 건강을 체크해 봐야 하고, 눈을 자꾸 핥다 보면 세균성 각막염이 생길 수 있어요. 강아지들의 구강 관리를 해줘야 합니다.

성향과 체력이 다른 두 강아지

얌전하고 의젓해 혼자 알아서 자란 열 살 미키와 달리 두 살 엘사는 격렬한 놀이를 좋아하고 산책을 하면서도 보이는 건 일단 입에 넣고 보는 호기심쟁이 장난꾸러기입니다. 특히 공놀이를 한번 시작하면 끝나질 않아 혈변을 볼 정도입니다. 집 주변에 있는 골프공을 비롯한 딱딱한 것만 보면 흥분해서 씹어버립니다. 이가 다 깨져버릴까 걱정이에요. 아무래도 그렇다 보니 미키보다는 엘사에게 손과 관심이 많이 가게 됩니다. 그런데 공놀이를 좋아하지도 않으면서 미키가 엘사의 공을 낚아채 뺏어버리네요. 아빠가 공을 달라고 하니 으르렁 화를 내는데요, 모두 똑같이 사랑하는 아빠의 마음, 미키도 알겠지요?

Q **미키가 혹시 엘사를 질투하는 걸까요?**

A 미키가 질투하는 걸로 보여요. 공을 뺏고 으르렁대는 건 샘나기 때문에 더 이상 같이 놀지 말라는 의미의 행동입니다. 반려견의 행동은 간혹 어린아이들의 행동과 많이 비슷해요. 본인도 공놀이를 하고 싶은데, 체력적으로 힘드니까 성질을 내면서 뺏어오는 것일 수도 있어요.

Q **두 친구 모두 같이 공놀이를 하거나 질투 안 나게 할 방법은 없을까요?**

A 두 강아지가 함께 하는 공놀이는 놀이가 아닌 경쟁입니다! 공을 두 종류를 사용해서 강아지마다 개인 공(마이볼)을 만들어주는 게 좋습니다. 각자의 애착이 깃든 공을 던진다면 마이볼을 물어오기 위해 노력하게 될 거예요. 되도록 서로 다른 방향으로 던져주는 게 싸움이 생기지 않는 팁입니다.

Q **산책에 나선 미키와 엘사. 엘사! 솔방울, 나뭇가지, 돌까지! 보이는 대로 씹어대기 바쁘네요. 저렇게 맛이 전혀 없는 걸 왜 씹는 거예요? 강아지들은 맛을 느껴야 씹고 삼키지 않나요?**

A 원래 강아지들은 씹는 것을 좋아하고, 어린 강아지의 경우 치아 발달 시기라 더 좋아합니다. 단단한 것을 씹으면 치아가 상하거나 소화기관이 막힐 수도 있어요. 어떤 경우에는 돌을 많이 씹어 먹어 대장이 단단히 막혀 수술을 하기도 해요. 흔히 반려견과 보

호자가 즐겨하는 놀이인 나뭇가지를 던져서 가져오게 하는 건 매우 위험해요! 잘못해서 입을 관통해서 박힐 수도 있습니다. 딱딱한 것은 절대 주시면 안 되고, 주변에서도 치우셔야 합니다. 딱딱한 공 대신 말랑말랑한 공으로 대체하시고, 평소에 나뭇가지, 골프공에 대해 '이 물체에 접근을 하면 내가 무섭고 깜짝 놀랄 수 있다'라는 경험을 주는 방법도 있습니다.

'천둥 효과'인데요. 원시인들이 천둥소리에 무서워서 밖에 나가지 못했다는 말이 있잖아요. 그런 것처럼 엘사가 딱딱한 공을 물려고 할 때, 페트병에 돌 같은 걸 넣어서 깜짝 놀랄 만큼 큰 소리를 내는 겁니다. 이를 반복적으로 해주면 '이 공에 접근하면 내가 무섭고 깜짝 놀랄 수 있다'라는 경험을 각인시키는 거죠.

한편, 딱딱한 걸 무는 습관은 스트레스가 원인일 수도 있어요. 엘사처럼 활동량이 많은 종은 움직임을 많이 해서 스트레스를 줄여줘야 해요. 요즘 강아지 러닝머신도 있거든요. 꾸준히 운동시켜주며 스트레스 해소해주는 것도 방법입니다.

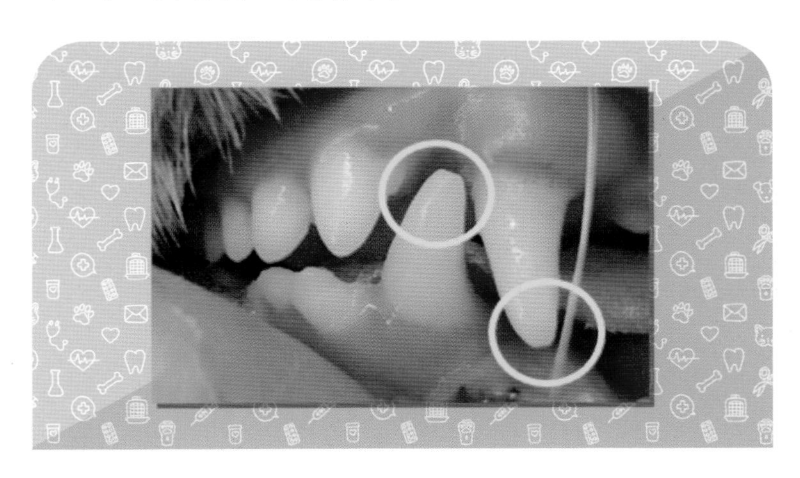

Q **두 살인 엘사는 확실히 어려서 체력이 쌩쌩해요. 하지만 열 살인 미키는 조금 힘들어하는 것 같아요. 하나는 빠르고 하나는 느린, 체력이 다른 두 강아지가 함께 산책해도 괜찮나요?**

A 따로 운동하는 걸 추천합니다. 같이 산책을 하면 빠른 아이가 속도를 늦추게 되는데, 그럴 경우에는 운동 효과가 없습니다. 그렇다고 빠른 아이에게 맞추면 느린 친구에게는 무리가 되지요. 체력뿐만 아니라 성향이 달라서 속도가 안 맞기도 합니다. 신나게 뛰어야 하는 친구와 슬슬 걸어야 하는 친구는 따로 산책을 권장합니다. 하지만 현실적으로 쉽지 않죠. 리드 줄의 길이를 각각 다르게 하거나 넓고 안전한 야외 공간에 풀어주는 게 그나마 방법입니다.

견종 정보

카발리에 킹 찰스 스패니얼
Cavalier King Charles Spaniel

영국의 찰스 2세가 가장 사랑했던 '킹 찰스 스패니얼'에서 비롯된 카발리에 킹 찰스 스패니얼은 길게 늘어뜨린 귀에 귀족적인 외모와 명랑하고 사교적인 성격으로 영국에서 사랑받는 사냥견 품종이다.

길게 늘어뜨린 귀가 매력적이지만, 귀가 덮여 있어서 귓병을 주의해야 한다. 또한 털이 길고 많이 빠지기 때문에 털 관리가 중요하다. 유전적으로 심장 질환이 잘 생기는 견종으로 정기적으로 꾸준히 검진을 받으면 좋다.

Q 잘 산책하다가도 계단만 보면 멈춰요.

A 사회화의 과정에서 계단을 오르다 좋지 않은 경험을 해서 두려움이 생겼을 수도 있어요. 고꾸라지거나 떨어져 트라우마가 생겼을 수도 있는 거죠.

그리고 다리가 불편해서 오르지 않을 수도 있어요. 특히 노령견인 경우나 평상시 무릎 질환이나 고관절 관절염 등의 질환이 있는 경우, 통증으로 인해 계단을 더욱 오르려 하지 않게 되어요. 나이 든 강아지들에게는 관절에 무리를 줄 수 있는 계단보다 평지가 좋고요, 산책보다는 빠르게 걷기, 즉 경보를 추천합니다.

강아지 경보는 산책이 아닌 경보하듯이 걷기를 의미합니다. 그래야 근육 운동이 돼서 폐활량도 좋아져요. 무엇보다 운동은 외부 충격에 대한 심장의 적응성을 높여 협심증, 심근경색 발병 확률을 낮춰줍니다. 방법은 간단합니다. 늘어나지 않는 리드줄을 짧게 잡고 빠르게 걸으면 됩니다.

우리에게 영감을 주는 해외의 반려동물 관련 법

- 호주에서는 하루에 산책을 한 번 이상 안 시키면 300만 원 이상의 벌금이 있다. 독일에서는 반려인이 반려견 산책을 안 시키면 이웃 주민이 신고할 수 있다.
- 미국의 일부 주에서는 개 소유주가 주간에 시간당 15분 이상 개 짖는 소리가 나는 것을 방치할 경우 지속적인 소음으로 보고, 1년에 3번 이상 개 소음으로 신고가 들어올 경우 개에 대한 소유권을 박탈한다.

- 미국 매사추세츠주에는 산책 시 배변을 치우지 않을 경우 버려진 배설물의 DNA를 분석하여, 어느 개의 배설물인지 찾아내고 주인에게 벌금을 물리기도 한다.
- 미국의 50개의 주에서는 반려동물에게 재산 상속이 가능하다.
- 영국에서는 개가 사람을 물어 사망하면 견주는 최대 징역 14년까지 선고받는다.
- 스위스와 프랑스의 경우, 반려인 교육을 받고 면허를 취득해야만 강아지를 키울 수 있다.
- 노르웨이에서는 반드시 하루에 세 번 이상 산책을 시켜줘야 한다. 위반 시 약 45~230만 원의 벌금을 내야 한다. 이웃집에서 위반 사실을 알고도 신고하지 않으면 같이 처벌을 받는다. 동물 전담반이 따로 있을 정도.
- 스웨덴에서는 6시간마다 반려견을 산책시켜야 한다. 실내에서는 묶어두거나 가둬두면 안 되고, 불가피한 경우에만 2시간까지 허용한다. 일정한 크기의 반려견 전용의 독립 공간을 제공하지 않을 경우 벌금이나 최대 2년 형을 받는다.
- 네덜란드에는 강아지세와 동물 학대 전담 경찰, 동물의 권리를 대변하는 정당이 있다. 16세 이하 청소년에게는 반려동물 분양이 불가능하며, 가게 진열창에 두는 것도 금지이다.
- 독일, 미국 캘리포니아에서는 펫숍, 동물 매매가 불법이다.

성숙한 반려인이 되기 위한 4대 수칙

1 반려동물과 외출 시 목줄, 배변 봉투 필수

2 어린이집, 초등학교, 특수학교는 맹견 출입 금지

3 맹견 소유자는 의무 교육 필수

4 맹견 소유자는 책임보험 가입하기

아프지말개
펫비타민

강아지의
사회생활

낯가림이 심한 외동아들

리듬체조 요정 손연재 씨의 남동생이자 손 씨 집안의 외동아들 손두부. 어릴 때 연재 씨와 함께 러시아에서 생활했기 때문인지, 가족을 제외한 사람과 강아지를 불편해하는 경향이 있다고 합니다. 두부의 생일을 맞이해 연재 씨가 단호박 '개이크'를 준비했네요. 두부의 생일 파티에 초대받은 친구들이 하나둘 도착하는데, 친구들에게 으르렁대는 두부. 알고 봤더니, 다른 강아지를 보고 혀를 깨물고 기절한 이력도 있다고요!

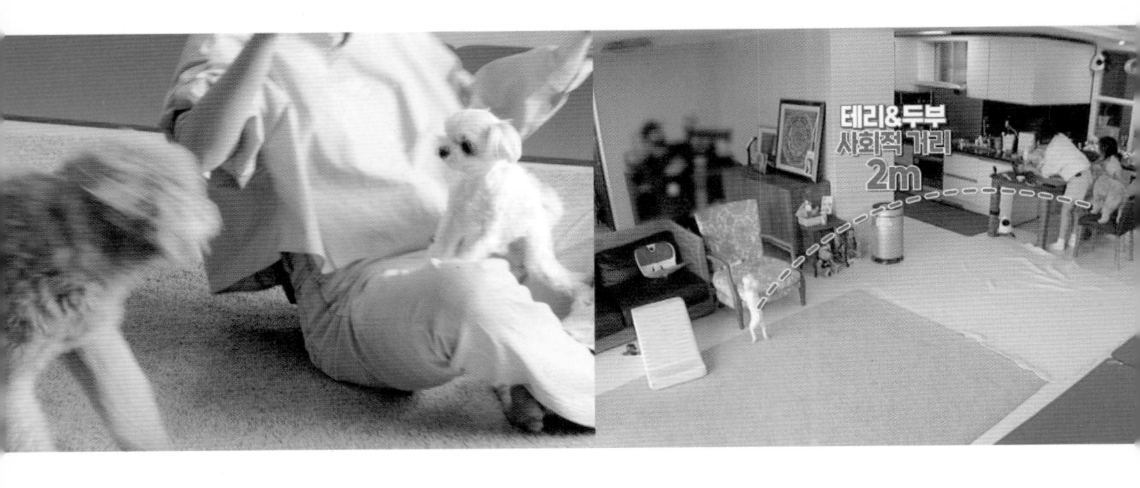

Q 두부가 강아지들이랑 함께 있을 때 잘 놀지 않는데, 저런 친구들이 종종 있죠?

A 강아지는 무리의 습성이 있어 태어나면 함께 지내며 학습해야 하는데, 그 적정 시기가 생후 3주에서 14~16주 사이입니다. 사회화 시기에는 다른 강아지와 다른 사람을 많이 만나 보고 경험하는 것이 가장 중요한데, 그 시기에 다른 강아지를 너무 못 만나면 다른 강아지를 싫어할 수 있습니다. 그뿐만 아니라 다양한 사람을 접하지 못한 강아지들은 가족 외에 다른 사람을 싫어하는 경향이 있습니다. 그래서 어릴 때 다양한 경험을 많이 할 수 있게 돕는 게 좋습니다.

Q 사람도 꼭 사교성이 좋을 필요는 없는데…… 다른 강아지를 싫어하면 안 만나게 하는 게 좋은가요?

A 산책 시 다른 친구들을 만날 때마다 무서워하고 피하면 사랑스러운 우리 강아지 견생도 힘들어지죠. 어느 정도의 사회화 과정은 필요합니다. 강아지 유치원처럼 여러 친구들을 갑자기 동시에 만나는 것보다 먼저 1~2마리 정도 먼저 만나게 해주고, 신뢰가 쌓이고 마음을 열기 시작하면 또 다른 친구들을 만나게 해주면서 조금씩 천천히 사회성을 길러주는 게 좋습니다.

견종
정보

몰티즈

Maltesel

사냥, 양몰이를 위해 번식되었던 다른 견종과 다르게 사람과 함께 지내기 위해 번식되었다. 우리나라에서 많이 키우는 견종 중 하나로 온순한 외모와 달리 감정 표현이 확실하다.
털이 잘 빠지지는 않지만, 하얗고 긴 털이 자주 엉킬 수 있어 빗질을 자주 해주는 것이 좋다. 머리 부분 털이 길게 자라게 되면 앞이 잘 보이도록 묶어주거나 미용을 해준다. 털로 덮여 있는 쳐진 귀는 통기성이 좋지 않다. 외이염, 중이염 같은 귀 질환에 걸리지 않게 습기가 많은 여름에는 각별히 관리한다. 작은 체구에 약한 다리를 가지고 있어 슬개골 관련 질병을 신경 써주는 게 좋다. 백내장과 녹내장 같은 안구 질환이 나타나는 경우가 잦아 정기적인 안압 검사로 예방한다. 더불어 퇴행성 판막 질환 또한 많이 나타난다. 노령견의 경우 각별히 신경을 써준다. 큰 질환은 비교적 적지만 선천적인 심장 기형이 있는 경우가 있다.

공주님은 사춘기

티브이 예능 프로그램을 통해 배우 김승현 씨와 인연을 맺게 된 멍중이는 유기견이었습니다. 지금은 동생 김승환 씨와 아버지 김언중 씨의 세상에 둘도 없는 공주님인데요, 요즘 이 집 '개코 같은 남자'들이 멍중 아가씨 때문에 걱정이 많다고 해요. 승현 씨의 하소연을 들어 보죠.

"두 살을 맞이한 멍중이가 사춘기에 접어든 것 같아요. 제 딸 수빈이의 사춘기 때 모습과 비슷하거든요. 일단 밥을 잘 안 먹는 게 그래요. 다이어트해야 된다, 반찬이 맛없다 하면서 밥을 거부했는데, 요

즘 멍중이가 사료를 안 먹고 풀만 그렇게 뜯어요. 그리고 우리 딸이 제가 말을 걸면 까칠하게 대답하고 예민했거든요. 멍중이도 그래요. 산책하다 강아지들만 마주치면 굉장히 예민하게 굴거든요. 그런데 사람은 다 좋아해요. 유독 강아지한테만 그러네요. 1년 전쯤에 도베르만에게 물렸던 기억이 아직 남은 걸까요? 강아지 기억력은 오래가지 않는 걸로 알고 있는데 혹시 그때의 사고가 아직까지 멍중이한테 기억으로 남아 있는 건지, 아니면 몸이 아픈 건지 걱정이에요."

Q **강아지에게도 트라우마가 있나요?**

A 강아지도 사람처럼 트라우마를 심하게 겪습니다. 한 번 버림받은 개들이 쉽게 버림받은 기억을 잊지 못하는 것처럼, 한번 각인된 경험을 쉽게 잊지 못합니다. 외상 후 스트레스 장애로 소변을 잘 못 가리거나, 느닷없이 몸을 흔들거나 하울링, 짖음 등의 증상을 보이는 경우도 있습니다.

Q **산책하는 도중에 다른 개들이 보이면 예민하게 굴어요. 예전의 애교 많던 멍중이가 변했습니다. 저렇게 짖으며 달려드는 건 놀자는 건가요, 경계하는 건가요?**

A 놀자는 건, 대부분 꼬리를 흔들고 엉덩이 냄새 맡기부터 시작하죠. 경계할 땐 귀를 세우고, 꼬리를 높이 들고, 입을 크게

벌려서 짖습니다. 지금 멍중이는 귀를 앞으로 해서 경계를 하면서 걷고, 때로는 갑자기 자세를 낮추면서 상대방 강아지들의 반응을 살피며 언제든지 뛰쳐나갈 준비를 하고 있어요. 이건 보호자를 보호하려는 행동으로 보여요.

Q 어릴 때는 안 그러다가 갑자기 친구들을 경계하는 건 사춘기여서 그럴 수 있나요? 강아지도 사춘기가 있나요?

A 여러분은 몇 살 때 사춘기를 겪으셨어요? 강아지도 비슷해요. 보통 사람 나이로 10대인 생후 5~6개월부터 시작됩니다. 호르몬 분비가 활발해지면서 호기심과 고집이 세지고 말을 안 듣는 시기가 바로 강아지들의 사춘기입니다.

사춘기 증상

- 사료를 잘 안 먹고 간식만 먹으려고 한다.
- 잘 가리던 대소변을 갑자기 못 가리고 훈련을 해도 안 먹힌다.
- 괜히 주변 모든 일에 간섭하며 으르렁대고 짖는다.
- 어떻게든 자신의 우월감을 내세우기 위해 자기 생각대로 하려고 한다.

Q **사춘기가 끝나면 원래대로 성격이 돌아오나요?**

A 보통 1세에서 길게는 2세 정도면 끝납니다. 두 살이 넘어서면 사춘기가 끝나면서 사회적 성숙기에 접어듭니다. 한 마디로 철이 드는 거지요. 스스로 제어와 조율이 가능하게 됩니다. 하지만! 이건 사춘기 때 훈련이 잘됐을 때 이야기. 사춘기 때 훈련이 잘되지 않으면 이 사회적 성숙기에 반대로 더 엇나갈 수 있습니다. 그러니까 사춘기 때 적극적이고 단호한 교육이 필요합니다.

Q **요즘 애들은 사춘기가 일찍 오잖아요! 빨리 사춘기가 오는 강아지도 있나요?**

A 물론입니다. 보통 생후 6개월에 시작되지만, 생활환경에 따라 생후 4개월에 오기도 합니다. 보호자로부터 보호받지 못하거나 불안감이 높은 강아지일수록 사춘기가 빨리 온다는 연구 결과도 있습니다.

멍중이는 사춘기를 지나 사회적 성숙기에 접어든 단계입니다. 여기서 승현, 승환 씨가 놓치신 게 있어요. 멍중이가 다른 강아지들과 잘 놀았다고 하는데 자세히 행동을 관찰해 보면 불안해하는 게 보여요.

무리 속 불안 행동 시그널과 속마음

☑ 소형견이 다가갔을 때 몸을 턴다.

→ 뻘쭘하다.

☑ 배를 드러내고 입술 핥고 도망간다.

→ 불편하다.

☑ 빙글빙글 돌면서 몸을 비틀거나 머리로 민다.

→ 어떻게 놀아야 할지 모르겠다!

다른 강아지와 어울리는 법을 멍중이는 못 배운 것 같아요. 고집이 세고 반려인을 보호하려는 의지가 강한 진돗개 특성 때문일지도 몰라요. 멍중이가 사춘기 때 사회화 훈련을 받지 못한 것 같습니다. 하지만, 지금도 늦지 않았어요. 다른 강아지들이 노는 모습을 지켜볼 수 있는 상황을 자주 만들어주시고 다른 강아지를 만났을 때 간식을 주면 안정이 되거든요. 그런 좋은 기억을 쌓아주는 것을 추천합니다.

Q 강아지 사춘기가 있으면 갱년기도 있지 않을까요?

A 개들에게 갱년기는 없습니다! 갱년기란 폐경기의 호르몬 변화 증상인데, 개는 폐경을 하지 않기 때문에 갱년기가 오지 않아요. 노화로 생식능력이 떨어질 뿐, 생리는 계속하고 호르몬 변화도 없어요.

Q 산책 도중 리드줄이 끊어졌어요! 산책 중 강아지 줄을 놓치거나 끊어졌을 때 어떻게 해야 하나요?

A 반려인이 아무리 조심한다고 해도 외부 요인에 의해 반려견이 갑자기 달려 나가는 것을 막기는 어렵죠. 목줄로 인한 사고는 빈번합니다. 아이를 잃어버리는 경우도 있어요. 이름표를 달거나 내장형 마이크로칩*을 삽입해 등록해 놓는 게 좋아요.

산책 시 리드줄을 놓치거나 끊어졌다면 당황하지 말고, 반려견을 안심시킨 후 조심히 안아야 합니다. 당황해서 흥분하면 반려견도 흥분해 차도로 뛰어들어 위험한 상황에 빠질 수 있습니다. 반려인이 이름을 부르면 돌아오는 '이름 부르기 훈련'을 평소에 해두면 돌발 상황 때 도움이 됩니다. 산책 시 간식을 가지고 다니면서 이름을 불렀을 때 돌아오는 훈련을 틈틈이 시키세요.

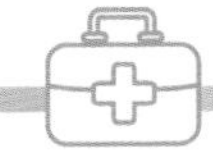

내장형 마이크로칩

반려동물 유기 혹은 유실 방지를 위해 2014년 1월 1일부터 반려견 보호자는 반드시 동물 등록을 해야만 한다. 미등록 시에는 40만 원 이하의 과태료가 부과된다.

동물 등록 방식은 총 2가지

1. 내장형 마이크로칩 삽입

2. 외장형 마이크로칩 부착

인식기를 통해 간편하게 주인의 연락처와 주소를 알아보는 원리. 내장형 마이크로칩에 비해 외장형 마이크로칩이나 등록인식표는 분실의 위험이 있다. 지자체나 수의사회 등에서 시술 및 등록 비용을 지원하는 경우도 있으니 잘 알아보자.

견종
정보

진돗珍島개

전남 진도 태생인 우리나라 국견이자 천연기념물 제53호인 진돗개는 첫 반려인에 대한 충성심이 높고 귀소본능이 뛰어나다. 대전에서 진도까지 300km를 7개월 동안 걸어 전 주인을 찾아온 일화를 들어본 적이 있을 것이다.
사계절이 뚜렷하고 산지가 가파른 우리나라에서 특전사처럼 커온 품종이라 튼튼하다. 단 순종 진돗개의 경우, 대형견에게서 자주 보이는 뱃속에 가스가 차면서 위장이 뒤틀리거나 확장되는 질병에 걸리기 쉽다. 침을 흘리거나 헛구역질을 하지 않는지 관찰이 필요하다.

아프지말개
펫비타민

강아지는
무슨 생각할까

오래전 헤어진 아들을 기억할까

원조 하이틴 스타 이연수 씨는 쭐리와 그녀의 딸 세리와 함께 삽니다. 멀리서 손님이 온다고 특별히 황태백숙을 끓이고 있네요. 쭐리 아들 또리가 온다고요? 쭐리가 다섯 새끼를 낳았는데 그중에 몸이 제일 약한 둘째가 세리였고, 유일한 아들이 또리였습니다. 또리가 일본에 살아서 오랫동안 만나지 못했는데, 엄마가 아프다고 기특하게 병문안을 오기로 했어요. 10년 만에 만나는데 쭐리는 아들을 알아볼까요?

Q 강아지가 오랫동안 헤어진 가족을 알아볼까요?

A 알아봅니다. 강아지는 일반적으로 생후 3개월 이상부터 기억하는 것으로 알려져 있는데요, 사람은 시각으로 기억하지만, 강아지는 뛰어난 후각을 이용하여 기억합니다. 후각 수용체가 사람은 1천만 개인데 반해, 강아지는 2억 개 이상을 가지고 있습니다. 사람보다 만 배 이상으로 후각이 발달되어 있기에 후각을 통한 기억을 한다고 봅니다.

Q 수백 리를 걸어 주인을 찾아온 진돗개 이야기도 있잖아요. 강아지의 기억력은 어느 정도인가요?

A 스웨덴 스톡홀름 대학 연구진에 따르면, 개의 기억력은 2분 정도입니다. 기억할 수 있는 시간은 짧지만 반복적인 행동은 기억이 가능합니다. 외부의 자극에 의해 단기 기억이 될 수도 있고, 뛰어난 후각을 통한 장기 기억이 될 수도 있습니다. 반복적인 훈련을 통해 장기 기억화 시킬 수도 있습니다.

견종
정보

시츄
Shih Tzu

멋지게 늘어진 털이 사자 갈기처럼 보여 중국어 사자(狮子[shī·zi])에서 이름이 비롯되었다. 공격성이 없어 잘 짖지 않고 잘 참는 스타일로 온순한 견종에 속한다.

주의해야 할 질병으로는 눈이 커서 안 질환에 걸릴 확률이 높다. 좀 게으른 편이고 먹성이 좋아서 비만 확률도 높다.

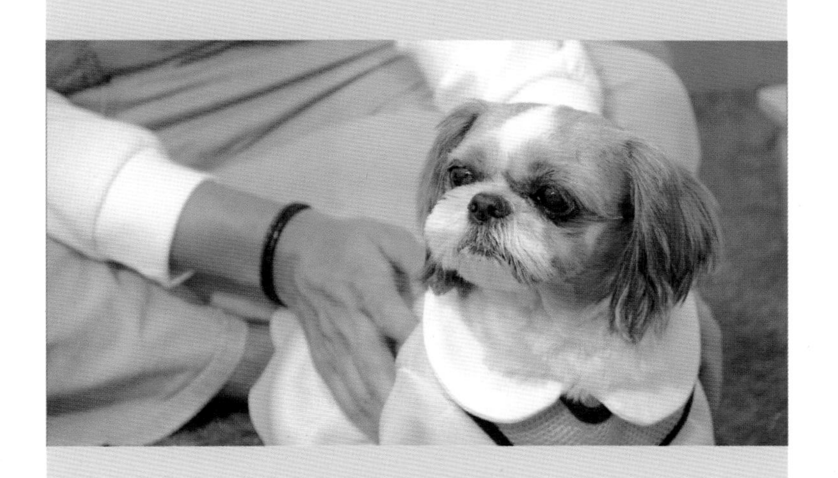

아프지말개
펫비타민
털~털~한 장모견 팔 셋 아빠는 누구?
표정스포주의
아이스 (7살)
포메라니안
작은 체구로 구석구석 털뿜
아프지말개
펫비타민
털~털~한 장모견 팔 셋 아빠는 누구?
크림 (7살)
포메라니안
풍부한 모량만큼 뿜량최고

강아지
왈츠

강아지와 함께해 온 세월이 어느덧 15년이나 되는 자타공인 육아 고수 배우 서지석 씨. 샤벳, 아이스, 크림 삼 형제를 살뜰이 돌보는 손길에서 내공이 느껴지네요. 특히 큰딸 샤벳은 기품 있는 외모도 지석 씨를 쏙 빼닮았습니다. 엇, 그런데 샤벳 어지럽지도 않을까, 왜 이렇게 빙글빙글 돌아요? 밖에서 인기척이 들리거나 흥분하면 멈출 줄 모르고 빙글빙글 돈다네요. 퍼뜩 치매가 아닐까 하는 생각도 들었지만, 샤벳의 이런 행동은 하루이틀 일이 아니라고 합니다. 무려 7년이나 되었다고요. 이제는 아이스와 크림도 샤벳을 보고 따라 도네요.

Q 혹시 도는 이유가 건강상의 문제 때문일까요?

A 그럴 수 있죠. 어딘가 아픈 곳이 있으면 긁고 자꾸 만지고 싶어 합니다.

- 뒷다리나 몸 뒤쪽의 통증이나 불편함 → 엉덩이 털이 엉켜 있거나, 항문 질환인 경우
- 신경계 이상 → 강아지의 귀 안쪽에 몸의 균형을 담당하는 고실이라는 공간에 염증이 생겨서 균형이 무너져 빙글빙글 도는 증상
- 행동학적 문제 → 강박 장애가 있거나 스트레스가 과도하거나, 단순히 감정의 표현일 수 있습니다.

샤벳은 지석 씨의 관심과 반응을 기억하는 것 같아요. 특히 샤벳이 돌기 시작한 시점이 아이스와 크림이 이 집에 오고 난 후라면 지석 씨의 구애를 받기 위한 행동으로 발전했을 가능성이 있습니다.

Q 빙글빙글 도는 행동, 고칠 방법이 없을까요?

A 빙글빙글 도는 문제는 행동학적인 문제니까, 행동 교정 처방이 필요합니다.

행동 교정 훈련법

1. 도는 것과 상관없이 평소 간식을 줄 때마다 "그만"이라고 말을 하고 줍니다.
2. 일주일 정도 반복해 익숙해지고, "그만"이라는 말을 들으면 간식을 기대하며 주인을 바라보게 되는 수준이 되면 준비는 끝.
3. 빙글빙글 돌 때 "그만"이라고 이야기를 합니다. 주인을 쳐다볼 거예요.
4. 위 행동을 꾸준히 반복합니다.

Q **심하게 빙글빙글 돌다, 꼬리까지 물어뜯는 강아지들도 있잖아요. 이런 친구들에겐 행동 교정 말고 또 다른 처방이 있을까요?**

A 네, 맞아요. 빙빙 도는 습관에서 그치지 않고 꼬리를 물어뜯거나 씹기까지 하는 행동은 강박 장애로 간주합니다. 이는 약물 치료가 꼭 필요한 행동 의학적 질병이므로 행동학적 치료와 약물 치료를 병행해야 합니다.

견종 정보

셔틀랜드 쉽독
Shetland Sheepdog

영국 셔틀랜드 섬에서 양떼를 지키던 목양견이다. 줄여서 셜티(sheltie)라고도 불린다.

풍성한 털을 가져 수려한 외모는 물론, 아주 똑똑한 종으로 유명하다. 캐나다 애견 훈련 교관이 뽑은 '가장 똑똑한 강아지 10종'에 선정될 정도. 성격도 좋아서 아이들과도 잘 놀아주기로 유명하다.

피부가 선천적으로 약해서 피부염을 조심해야 한다. 셔틀랜드 쉽독은 유전적으로 멜라닌 색소가 적다. 강한 햇빛에 오랫동안 노출되면 코나 눈꺼풀 등 색소가 적은 곳이 빨갛게 변해 짓무르게 된다. 짓무른 코를 자주 핥아 피부염을 유발할 위험이 높다. 심한 경우에는 피부암으로 진행되기도. 햇빛이 강한 시간에는 산책을 피하고, 그러지 못한 경우에는 반려동물용 자외선 차단제를 발라주는 게 좋다.

아프지말개
펫비타민

비만,
만병의 근원

이토록
사랑스러운 비만

치어리더 박기량 씨의 인형 같은 반려견 몽이. 사람들의 시선을 붙드는 치명적 귀여움과 어울리지 않게 비만이라고요? 기량 씨와 함께 사는 할머니의 사랑과 애정 덕분에 배가 바닥에 닿을 정도로 살이 쪘다고 합니다. 어디 한번 예전 옷들을 입어 볼까요? 제대로 맞는 게 없네요. 그런데 몽이, 은근 이 시간을 즐기는 것 같습니다.

Q 강아지들도 예쁜 옷을 입으면 자기가 예쁜 줄 아나요?

A 옷을 입었을 때 좋아하는 강아지가 있죠. 옷을 입으면 산책하러 나간다고 학습되었거나, 예쁜 옷을 입었을 때 보호자가 귀엽다 예쁘다 등 칭찬해주는 모습을 보였거나 하면 자기가 반려인에게 이쁨 받고 있다고 느끼는 거죠. 혹은 '내 옷이야'하고 물건에 집착하는 경우도 있습니다.

Q 산책 도중에 기침을 하는 몽이. 혹시 비만과 기침 소리가 상관이 있나요?

A 기침에는 여러 이유가 있겠지만, 기도 협착증이라고 기도가 좁아지는 질환이 있습니다. 원통형으로 생긴 기도가 변형 또는 근육 늘어짐 등으로 인해 내강이 좁아지게 되면서 공기가 원활히 통하지 않게 되어 꺼억꺼억 거리는 거위 소리가 나게 되는 것. 기도 협착증은 주로 소형견에게서 많이 관찰되며 나이가 많고 비만인 아이들도 많이 관찰됩니다.

Q 몽이가 '끄응'하는 소리를 내고 기침도 합니다. 잘 때는 코도 자주 골아요. 살쪄서 그런 게 아닐까 생각됩니다.

A 보호자들이 기침과 재채기를 구분하지 못하는 경우가 많습니다. 재채기인 경우 "치치" 소리가 나고, 기침인 경우 "킥킥" 소리가 납니다.

몽이의 경우 건강검진 결과, 안타깝게도 비만으로 인해 공기가 지나다니는 통로가 좁아져 기도 협착증과 허리가 굽은 추간판 탈출증이 확인되어 관리가 필요해 보입니다.

재채기인 경우

- 알레르기
- 갑작스러운 체온의 변화
- 콧물로 인한 것

기침의 경우

- 목에 이물질이 걸렸을 때
- 심장병이나 폐렴, 심장사상충
- 비만으로 호흡하는 통로가 좁아진 경우

Q 추간판 탈출증은 뭔가요?

A 옛말에 네발 달린 짐승은 디스크 안 걸린다는 이야기가 있지요? 사실은 네발 달린 짐승, 그 중에 우리에게 친숙한 개와 고양이도 디스크에 걸린답니다. 일상적으로 말하는 이 디스크라는 질병을 의학적 진단명으로 추간판 탈출증이라고 합니다.

추간판 탈출증이란 척추와 척추 사이에 있는 추간판이라는 구조가 파열되어 척수를 누르는 질환입니다. 사람의 경우에는 이 추간판이 천천히 돌출하여 신경을 조금씩 조금씩 압박하는 형태로 추간판 탈출증이 발생합니다. 보통 추간판 탈출증이 있는 환자는 처음엔 허리 통증이, 점점 심해지면 다리가 저리고, 결국에는 다리에 마비가 오게 됩니다. 이러한 과정은 보통 수개월에서 수년에 걸쳐 일어납

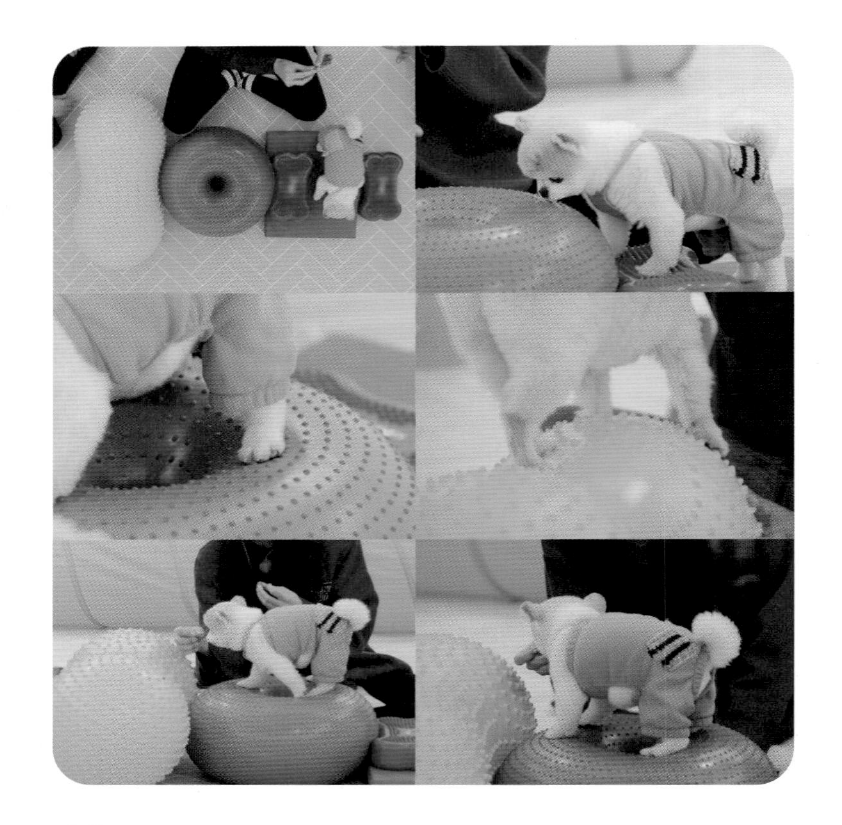

니다.

하지만 소형견은 매우 급성으로 증상이 악화됩니다. 이는 추간판이 갑자기 파열되어 신경을 누름으로 몇 시간 이내에도 뒷다리에 완전한 마비가 생겨, 뒷다리의 감각이 완전히 없이 엎드려서 앞다리로만 끌고 다니는 심한 하반신 완전마비 증상이 발생하기도 합니다. 이렇게 추간판이 탈출되는 이유는 보통 유전 소인이 많습니다. 연골이형성 품종이라고 해서 연골 형성 장애가 있는 품종들이 추간판 탈출증이 잘 발생하는 품종입니다. 세계적으로도 급성 추간판 탈출증이 매우 심한 형태로 나타내는 대표적인 품종은 닥스훈트와 코커스패니얼입니다. 이러한 품종들은 멀쩡히 소파에 오르거나 산책을 다녀와서도 곧바로 하반신 마비가 되어 한두 시간 만에 엎드려서 앞다리로만 몸을 끌고 다니기도 합니다. 이외에도 푸들, 몰티즈, 요크셔테리어, 포메라니안, 시츄, 프렌치불독 등 다양한 품종들이 추간판 탈출증에 시달립니다.

증상이 있다면 CT나 MRI검사로 진단을 하고 약물 치료나 수술적인 방법으로 다시 잘 걷도록 치료해주세요.

Q 한때는 2kg를 유지하며 날씬했던 몽이. 최근에 800g이나 쪘다고요? 소형견 100g 증량, 사람으로 치면 몇 kg인가요? 표준 체중 계산법이 있을까요?

A 몽이 같은 소형견은 2~2.3kg가 정상 몸무게입니다.

표준 체중 계산법

체구가 작은 사람을 기준(50~60kg)으로 봤을 때, 1kg = 25~30kg/ 100g = 2.5~3kg. 소형견에게 100g은 사람으로 치면 3kg 정도라서 몽이는 20~24kg 정도 쪘다고 보면 될 것 같아요. 50~60kg이었던 사람이 70~84kg가 된 거죠.

Q 우리 강아지 식탐 좀 줄이는 방법 없을까요?

A 식탐이 있다는 건 먹는 것이 아주 즐겁다는 뜻입니다. 식탐은 본능이라기보다는 그 아이의 성향이에요. 그래서 그 즐거움을 뺏는 것보다는 많이 먹어도 살이 찌지 않는 음식을 주는 게 어때요? 섬유질이 풍부한 다이어트 처방 사료를 주거나, 포만감이 들 수 있도록 익힌 양배추나 브로콜리를 주는 방법이 있습니다. 대신에 한꺼번에 많이 주는 방식에 익숙해지면 위가 늘어나서 많은 양을 먹어야 포만감이 오니 조심해야 해요. 실제로는 충분히 먹지 못해 식탐이 있는 경우도 있으니 먹는 양도 잘 체크해 봐야 하고요.

Q '비만이 만병의 근원'이라고 하잖아요. 강아지들도 마찬가지죠?

A 강아지에게도 비만은 만병의 근원이죠. 체중이 늘면 관절 질환이나, 디스크 발생이 쉬워지고, 기관 허탈 같은 호흡기와 관련된 응급상황이 생기기 쉽고요. 또, 사람처럼 당뇨, 고혈압 같은 대사성 질환의 발병률을 증가시키고요. 이런 질환들은 간, 신장, 췌장에 밀접하게 연관되어 있어서 여러 합병증을 동반할 수 있기 때문에 만병의 근원이라고 불릴 만하죠.

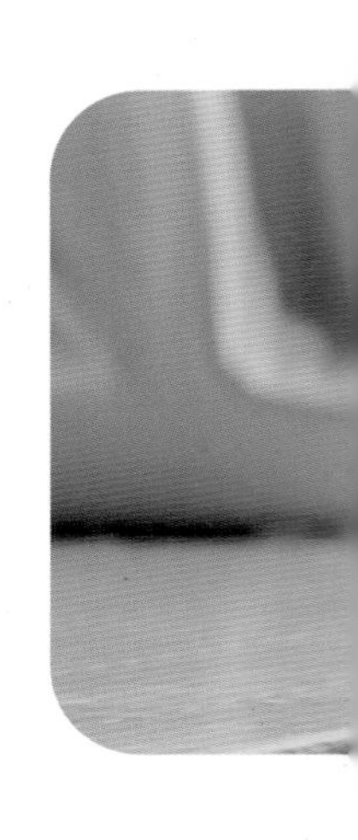

Q 사람 음식 안 먹이고 사료만 먹는데도 살이 쪄요. 강아지도 살 찌는 체질이 있나요?

A 네, 있습니다. 사람과 비슷합니다. 산책과 운동을 자주 하는 강아지들이 근육량이 많고 기초대사량이 높아 같은 양의 식사를 하더라도 살이 잘 안 쪄요. 또한 우리가 스트레스를 받으면 살이 찌듯, 강아지도 스트레스를 받아 '행복 호르몬'이라 불리는 세로토닌이 감소하면 식욕이 증가하여 살이 급하게 찔 수 있습니다.

Q 우리 아이가 비만인지 아닌지 집에서 체크할 수 있나요?

A 반려견의 몸의 형태와 만진 느낌에 따라 비만 여부를 측정하는 방법이 있어요.

BCS 측정법

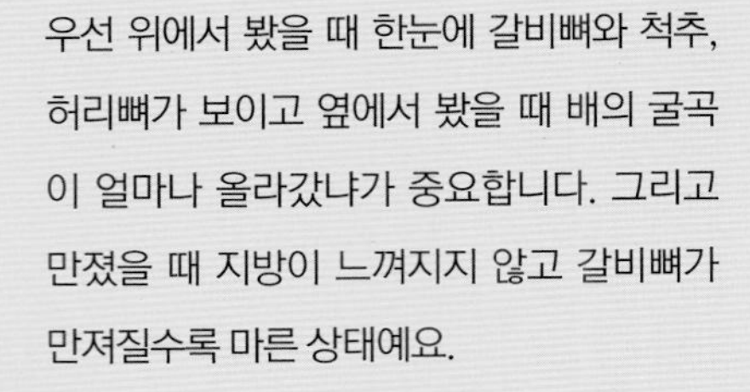

우선 위에서 봤을 때 한눈에 갈비뼈와 척추, 허리뼈가 보이고 옆에서 봤을 때 배의 굴곡이 얼마나 올라갔냐가 중요합니다. 그리고 만졌을 때 지방이 느껴지지 않고 갈비뼈가 만져질수록 마른 상태예요.

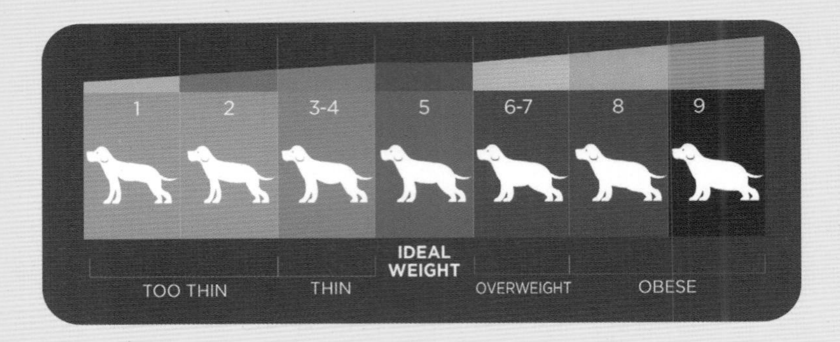

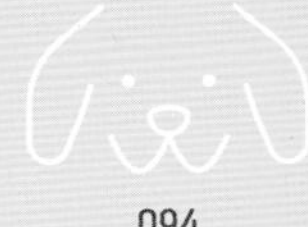

다이어트 솔루션

- **다이어트 사료**를, 뒷면에 표기된 권장 급여량만큼 먹인다.

- **강아지용 만보기**를 통해 하루에 얼마나 걸어 다니는지 일주일 정도의 평균값을 내고, 관절에 무리가 가지 않을 정도로 평소보다 10% 정도 걸음 수를 증량시킨다.

- 노령견의 경우 대사율도 떨어지고 칼로리 소모도 한창때의 60%밖에 되지 않는다. **산책을 길게 한 번 하는 것보다 짧게 여러 번**하는 것을 권한다.

- 집 안에서 움직이는 시간을 많이 만들어주는 게 좋다. **어질리티 도구**를 집에 놀이터처럼 설치해 다양한 장애물을 통과해서 달리며 놀이와 운동을 한 번에 한다.

견종
정보

포메라니안
Pomeranian

스피츠와 썰매견인 사모예드를 소형화시킨 견종으로, 유전적 특성을 공유하고 있다. 원래 목양견인 스피츠 견종에서 비롯된 경비견의 성격을 갖고 있어 주변 상황에 민감하다. 게다가 썰매견의 피가 흘러서인지 소형견임에도 '난 덩치가 크다'라는 근거 없는 자신감이 몸을 지배하고 있다.

유전성으로 다혈질 및 공격성이 일부 있고, 대형견들 앞에서도 위풍당당하다. 병원에서 수의사를 제일 많이 무는 견종 중 하나이다. 복슬복슬한 털이 매력적이지만, 내분비 질환으로 인한 탈모가 많이 발생하는 견종. 외에도 슬개골 탈구와 뇌수두증, 호흡기계의 기관허탈이 선천성 질병이다.

아프지말개
펫비타민

강아지가 비건이라고요?

풀 먹는 강아지

사료를 거부하는 멍중이는 사료보다는 풀과 나무를 좋아한대요. 어어, 정말 풀을 뜯어 먹네요. '개 풀 뜯어 먹는 소리'라는 말은 들어봤어도 진짜 개가 풀 뜯어 먹는 건 처음 봐요.

Q 강아지 중에도 풀을 즐겨 먹는 강아지가 있나요?

A 강아지들은 육식파입니다. 단맛과 고기 향만 좋아합니다. 짠맛, 신맛, 쓴맛은 좋아하지 않아요. 사람의 6분의 1의정도의 미각밖에 안 되기 때문에 맛 때문에라도 풀이나 나무를 먹지는 않습니다.

그럼에도 불구하고 풀을 먹는 건 기생충 때문일 수도 있습니다. 동물용 기생충 약이 없었던 예전에는, 강아지들은 구토나 배설을 통해 기생충을 쫓기 위해 거친 풀을 뜯어 먹었습니다. 즉, 소화기관이 불편해 장 청소를 하기 위한 본능적인 행동이라고 볼 수 있습니다. 또 호기심이나 스트레스 해소를 위한 행동일 수도 있고요. 만약 토를 하지 않고 삼킨다면, 미네랄이나 다른 영양소의 결핍 때문일 수도 있어요.

그런데, 정원의 풀과 나무를 얼른 뽑으셔야겠어요! 정원에서 멍중이가 먹은 풀은 개망초. 사람들은 새순을 먹기도 하지만 강아지에게 독성을 유발할 수 있는 풀입니다. 위장 장애나 피부염을 유발할 수 있어요. 저 회잎나무 역시 위험! 독성이 있어 구토와 설사, 복통, 많이 먹으면 부정맥까지 발생해요. 다행히 밖에서 먹은 건 독성이 없는 백일홍과 코스모스네요. 이밖에도 길에 많은 은행나무 열매는 가장 위험한 식물입니다. 독성이 많아 특히 주의해야 합니다.

Q 비건인 반려인들 중에 반려견 채식을 시도하는 경우도 봤어요.

A 반려견의 비건 식단은 동물 학대입니다. 사람은 잡식성이라 고기를 대체하는 단백질을 구해서 섭취할 수 있지만, 개는 인간보다 훨씬 육식동물이라 초식만으로 버틸 수가 없습니다. 개가 섭취하는 전체 음식에서 고기 단백질과 고기 지방은 최소 60% 이상을 차지해야 합니다. 두부나 초식성 단백질만으로는 건강하게 오래 살 수 없습니다.

진료했던 강아지 중에 심한 슬개골 탈구와 경련 발작으로 내원한 경우가 있습니다. MRI 촬영을 비롯해 온갖 검사를 해도 병의 원인을 알 수 없어 미궁에 빠졌었는데, 알고 보니 비건이었습니다. 고기를 위주로 한 식단으로 바꾸자 모든 증상이 개선되었습니다. 비건 식단을 계속했더라면 아마 위험한 상황이 됐을 겁니다.

Q 개에게 해로운 독성이 있는 식물을 알려주세요.

A 아이리스(붓꽃, 창포류), 아잘레아, 철쭉, 진달래, 아주까리씨(피마자), 아카시아나무, 안스리움, 앉은부채, 알로에, 엔젤트럼펫, 옥수수나무, 드라세나(행운목), 옥천앵두, 올랜더, 용설란, 유카, 은방울꽃, 잉글리시 아이비, 재스민 (쟈스민, 자스민), 전단, 주목(미국산주목, 영국산 주목), 줄무늬드라세나, 참제비꼬깔(참재비꼬깔), 천남성과의 두루미천남성, 천리향, 칠엽수(마로니에), 칼라(칼라듐,

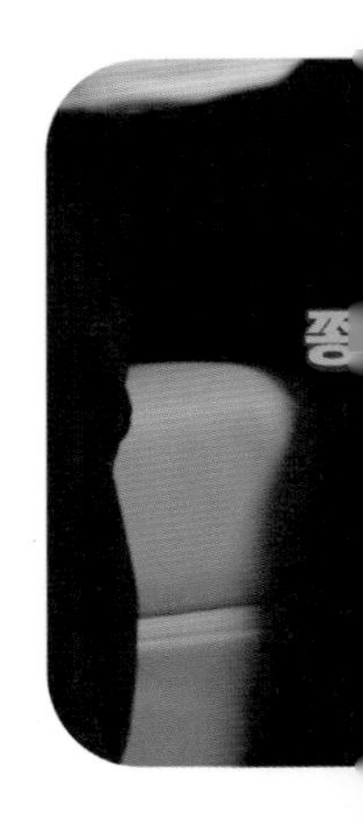

칼라디움), 칼랑코에(카랑코에), 코리아라, 크리스마스로즈, 클레마티스, 클로버, 토마토, 튤립, 프리빗, 필로덴드론, 햄록(헴록), 협죽도, 헤데라 ,아이비, 헤메로칼리스(나리, 원추리), 홀리, 호랑가시나무, 히아신스, 흰독말풀이 있습니다.

Q 멍중이가 밥을 잘 안 먹어요. 사람에겐 1일 1식이 다이어트에도 좋고 건강에도 좋다고 많이 하는데, 강아지 1일 1식 괜찮은가요?

A 야생견은 3일에 한 번 밥을 먹기도 합니다. 하루에 한 번이라도 양이 적지만 않게 챙겨 먹으면 괜찮습니다. 강아지도 사람처럼 조금씩 먹으면 점점 위가 작아집니다. 하지만, 공복이 길어지면 위에 좋지 않기 때문에 최소 두 번 정도로 나눠주시는 것을 권장합니다.

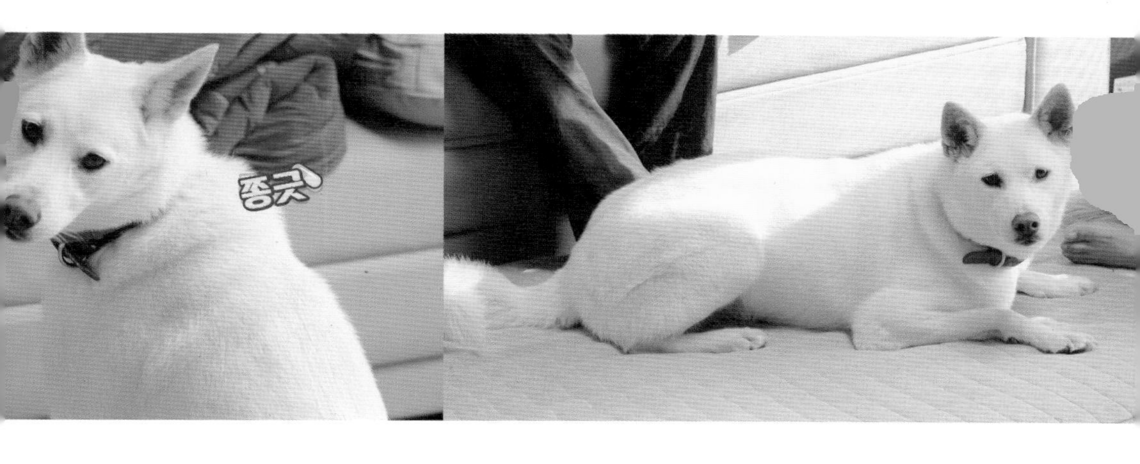

Q 멍중이는 왜 사료를 거부하는 걸까요?

A 일반적으로 식욕이 떨어진다는 것은 몸이 아프다는 신호입니다. 평소 잘 먹던 간식을 거부하거나 먹는 속도가 너무 느려졌다면 병원 진료가 반드시 필요합니다. 두 번째는 이유로는, 스트레스 때문에 식욕을 잃기도 합니다. 그리고 가장 많은 이유인데, 간식을 너무 자주 줘서일 수 있습니다. 강아지들도 사료는 맛없는 것, 간식은 맛있는 걸로 분류해 버티고 버텨서 간식을 받아냅니다.

멍중이의 경우는 건강상의 문제 때문은 아니었어요. 사료가 멍중이가 좋아하는 사료의 냄새가 아닌 것 같아요. 강아지들도 입맛이 다 다르거든요! 다른 사료로 바꿔가며 좋아하는 사료를 찾는 게 좋겠습니다. 또 완벽히 밀봉되지 않은 채 놔둔 사료는 지방 성분이 산패해서 후각이 예민한 강아지들에겐 안 좋게 느껴질 수 있어요. 개들도 신선한 음식을 좋아하거든요. 소포장된 사료를 구매해 그때그때 뜯어주시는 게 좋겠습니다. 그리고 주시는 간식양이 많습니다. 수프의 경우, 멍중이의 몸집엔 종이컵 한 번 정도가 적당합니다.

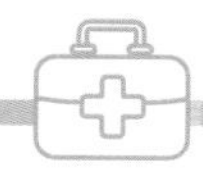

식욕부진의 이유

- 위장염, 간 기능 저하, 신장 질환, 뇌 질환, 심장병 등과 같은 내과적인 질환이 있는 경우
- 골절, 척추 이상, 안과 질환, 치과 질환 등 고통을 느끼는 질병이 있을 때
- 스트레스나 가족과의 이별 등 심리적인 문제
- 식사 교육이 잘 안 되어 있을 때
- 노령견의 경우 운동량 저하

Q **건강검진 결과, 멍중이 장내에 좋은 세균보다 나쁜 세균이 조금 많다고 하셨어요. 혹시 사료를 잘 안 먹어서 그런가요?**

A 원인을 알려면 멍중이의 어린 시절로 거슬러 올라가야 할 텐데요. 멍중이가 유기견이었잖아요. 강아지는 태어나면 초유를 먹으면서 어미가 가진 면역항체를 장내에 흡수합니다. 그래서 출생 후 특정 기간 동안 좋은 세균의 먹이가 되는 초유를 먹는 것이 매우 중요한데, 충분히 섭취 못 할 경우 세균의 불균형이 일어나 추후 면역력 형성에 문제를 일으키게 되는 겁니다.

지금부터라도 장내에 좋은 세균 증가를 위해 유산균제를 꾸준히 섭취해주면 좋습니다.

Q 떨어진 면역력은 어떻게 잡을 수 있을까요?

A 면역력은 알레르기와도 상관이 있는데요, 우선 알레르기 검사를 통해 나온 음식은 완전히 주지 않는 게 좋습니다. 실제로 닭 단백질 알레르기가 있는 강아지가 1년간 닭을 안 먹은 뒤 검사를 했는데 알레르기 반응이 없어진 사례가 있어요. 면역력이 증가하면 알레르기에 대한 민감도도 낮아질 겁니다.

멍중이에게 버섯을 추천하고 싶어요. 알레르기가 없는 강아지라면 비타민 B5가 많은 브로콜리나, 닭 가슴살, 달걀을 권하겠지만, 멍중이는 이 식품들에 알레르기가 있어 버섯을 추천해요. 일반적으로 시중에서 구매 가능한 양송이나 표고버섯을 굽거나 삶아서 먹이면 좋습니다. 꿀팁을 드리자면, 버섯을 가루로 만들어 두면 사료에 뿌려서 쉽게 급여할 수 있습니다.

아프지말개
펫비타민

올바른 식습관

야식 먹는 강아지

발랄하고 활동적인 성격이 특징인 푸들! 그러나 이지우 씨네 토이푸들 보리는 조용하고 차분한 성격의 소유자입니다. 하루 종일 전용 방석에 누워 꼼짝을 하지 않네요. 어디가 불편한 걸까요? 보리는 낮에는 무기력하게 잠만 자고 밥도 잘 안 먹는다고 해요. 사료를 손바닥에 올려줘야 한 알씩 겨우 먹습니다. 하지만 아침에 일어나보면 그릇의 사료가 사라져 있어요. 아무도 보지 않을 때 밤에 사료를 먹는다고 해요. 들어봤나요? 야식형 강아지.

Q 사람은 야식을 먹으면 살이 찌는데, 강아지가 밤늦게 사료를 먹는 건 괜찮나요?

A 밤에 사료를 먹는 건 좋지 않은 습관! 밥을 먹으면 소화되는데 보통 2~4시간이 걸립니다. 먹고 바로 자면, 신진대사가 잘 이루어지지 않아요. 살찌기도 쉽고, 소화기 질환이 올 수도 있어요. 특히 보리처럼 활동량이 적은 아이는 근육량과 기초대사량이 적어서 적은 양을 먹어도 체중이 증가하기 쉬워요. 보리가 사료를 밤에 먹는다고 했는데요, 공복 기간이 길면 담낭 내 담즙액이 정체되어 있는 시간이 길어져 담낭 내 염증을 가중시킬 수 있습니다. 그러니까 자주자주 사료, 간식을 먹는 것이 좋습니다. 기력 없는 보리가 식사를 자주, 재미있게 할 수 있는 방법을 알려드릴게요.

입 짧은 아이 식사법

1. 먼저 사료, 간식 크기보다 큰 구멍을 뚫은 페트병을 준비하시고요.
2. 그 안에 사료, 간식을 넣어 주면 강아지들이 페트병을 굴리면서 놀이를 통해 즐겁게 밥을 먹을 수 있습니다.
3. 페트병도 만들기 귀찮다, 하시면 또 다른 방법으로는 하루에 먹을 간식 양을 정해 놓고 집 안 곳곳에 숨기는 방법도 있습니다. 아이들이 직접 찾아 먹으면서 흥미를 느끼게 됩니다.
4. 혹시 못 찾은 간식이 있다면 냄새를 맡게 하고 맛을 보여줘 맛있는 것이니 꼭 찾아달라고 하고요, 매일매일 새로운 장소에 새로운 간식으로 해주면 더 좋습니다.

푸들
Poodle

크기에 따라 토이, 미니어처, 미디엄, 스탠다드 네 가지 종류로 나뉜다. 태생은 독일이지만, 프랑스 귀족의 사랑을 받아 프랑스 국견이 되었다. 베토벤이 푸들의 죽음을 애도하는 '푸들의 죽음에 바치는 비가(Elegie auf den Tod eines Pudels)'를 작곡했을 정도로 전 유럽에서 인기가 많은 견종이다. 우리나라 인기 견종 4위.

작은 몸집에 활동량이 많고 뛰어다니는데 쉽게 지치지 않는 강아지지만, 활동력이 높은 만큼 슬개골 탈구나 대퇴골 탈구 등의 관절 질환에 취약한 편. 특히 두 발로 설 때 관절에 매우 무리가 가서 이런 행동을 하지 못하게 '네가 이럴 때마다 내 기분이 좋지 않아'라는 인식을 심어주어야 한다. 곱슬곱슬한 털은 털갈이를 하지 않아 털이 잘 안 빠지지만, 빗질을 주기적으로 하지 않으면 피부병으로 이어질 수 있어 주의가 필요하다. 특히 겨드랑이, 목, 귀 뒤, 엉덩이 쪽이 잘 엉키는 부위. 6개월 미만의 강아지는 털을 빡빡 깍지 않는다. 귀가 길게 덮여 있어 귓병에 걸리기 쉬우니 평소 귀 소독과 관리를 잘 해준다.

푸들은 보호자에 대한 애착이 강한 견종이다. 애착이 잘못 형성될 경우 분리불안이 생기기 쉽다.

분리불안 때문에 파양 당하는 경우 보호자를 지키지 못했다는 생각에 분리불안이 더 심해지니, 특별히 신중하게 입양을 해야 한다.

24 ~28 cm 토이 푸들
28 ~35 cm 미니어처 푸들
35 ~45 cm 미디엄 푸들
45 ~60 cm 스탠다드 푸들
50
40
30
20
10
0
토이푸들
미니어처 푸들
미디엄 푸들
스탠다드 푸들

Q **수지 씨네 설기는 긴 산책을 끝내고도 물을 먹지 않아요. 물을 안 마시다 버릇하면 발생하는 질병이 있나요?**

A 강아지 몸은 80% 이상이 물로 구성되어 있습니다. 수분은 건강 유지에 필요한 영양소를 구석구석 전달하는 역할을 합니다. 수분이 부족하면 세포가 약해지고 노화가 빨리 진행됩니다. 특히 수분 부족은 강아지에게 자주 발생하는 결석을 악화시킬 수 있어요. 게다가 사람처럼 강아지도 변비가 생깁니다. 물을 안 마시면 대장에서 물을 다 흡수하거든요. 물론 강아지의 경우에는 물을 마시지 않아서 생기는 변비보다는 배변을 참아서 생기는 변비가 많긴 해요.

Q 지석 씨는 기도가 좁아져 호흡이 곤란했던 사뻿을 위해 한 알 한 알씩 손으로 배급하는 시스템을 도입했습니다. 하루에 네 번, 한 알 한 알 주는 급여법. 다이어트에 좋은 것 맞나요?

A 그렇기도 하고 아니기도 합니다. 우선 일정량을 하루에 네 번으로 나눠주는 것, 자주 조금씩 먹어서 공복을 없애는 방법은 다이어트에 효과적이고 식탐을 없애는 데도 도움이 됩니다. 특히 성격이 급한 아이들에게는 한 알 한 알 배급이 좋습니다. 하지만 스스로 먹는 법을 잊을 수 있기에 다른 방법을 추천합니다. 급히 먹지 못하도록 하는 슬로우 급식기나 노즈워크 형식의 급식기도 있으니 참조하세요.

Q 사료는 안 먹고 간식만 먹으려고 해요.

A 정해진 식사 시간에 맞춰 사료를 주고 시간이 지나면 사료 그릇을 닿지 않는 곳으로 치워 주세요. 정해진 식사 시간을 인식시켜주는 것이 중요해요.

Q 사료는 한 번에 얼마나 줘야 적당한가요?

A 사료량이 중요한 게 아니라 칼로리 기준으로 급여량을 결정하셔야 해요. 보통은 사료 뒷면에 강아지 킬로그램 당 급여량이 기입되어 있어요. 사료마다 칼로리가 상이하니 칼로리표를 참조하여 급여량을 결정해주세요.

섭취 칼로리(cal) 계산법

(30 × 반려견 몸무게kg + 70) × 2 or 1.5

Q 식사 횟수는 얼마가 적당할까요?

A 반려견의 나이에 따라 다릅니다. 생후 3개월까지는 하루 5회 내외, 6개월에는 4회 내외, 1세 때는 2~3회, 그 이후로는 2회면 됩니다.

Q 간식을 줄 때마다 아이가 두 발로 서요. '두 발 서기' 건강에 안 좋은 거 아닌가요?

A '일어 서'를 오래 하면 하중이 뒷다리에 몰려 고관절, 슬개골에 좋지 않아요. 한두 번 하는 건 괜찮지만, 특히 근육이 없는 아이들에게는 비추천입니다. '돌아' 혹은 '꼬리물기'를 하며 뱅글뱅글 도는 개인기 또한 좋지 않고요. 갑자기 방향이 바뀔 경우, 십자인대가 끊어질 수도 있어 위험해요.

Q 강아지 영양제를 사료에 모두 섞어서 줘도 되나요?

A 괜찮습니다. 영양제는 식전 식후 중 언제 주는가 보다는 1일 1회, 1일 2회 등 용량에 맞게 복용하는 게 중요해요. 생선 기름이 섞여 있거나 오일이 섞인 영양제는 다른 영양제의 흡수를 저해해서 따로 먹이셔야 합니다.

Q 우리 강아지에게 더 잘 맞다는 사료로 바꿨는데 먹지를 않아요.

A 강아지에게도 새 사료 적응 시간이 필요합니다. 무작정 새 사료로 바꾸지 마시고, 기존의 사료와 섞어서 급여하셔야 합니다. 첫 날에는 기존 사료와 새 사료의 비율을 80 : 20로 시작하여 열흘에 걸쳐 천천히 기존 사료의 비율을 낮춰가세요.

Q 사료에 신뢰가 가지 않아요. 생식을 해도 괜찮을까?

A 다양한 종류와 부위의 생고기와 철저한 위생, 필수 영양소를 모두 갖춰서 주기가 쉽지 않습니다. 사료가 안전하고 편리합니다.

아프지말개
펫비타민

먹여도
되나요?

먹여도 되나요?

Q **우리끼리 맛있는 걸 먹는 게 미안한지 남편이 자꾸 강아지에게 오렌지 주스를 주려고 해요. 100% 유기농 오렌지 착즙이긴 한데, 강아지에게 괜찮을까요?**

A 방부제가 들어간 음료보다는 낫겠지만, 과일 주스에는 기본적으로 과당이 있고, 오렌지의 산성 때문에 권하지 않습니다.

반려견과 함께 먹으면 좋은 과일을 알려 드릴게요. 대부분이 수분인 수박은 탈수 증상을 예방할 수 있고, 비타민이 풍부해 면역력 개선과 암 예방에도 도움이 돼요.

슈퍼푸드 블루베리는 산화방지제, 규소, 비타민A, 비타민B 복합체, 비타민C, 비타민E, 비타민K, 셀렌, 아연, 철이 풍부해 암 예방, 눈 건강, 면역력 증진, 노화 예방, 콜레스테롤 저하 등의 효과를 볼 수 있어요. 항산화 능력이 우수해 피부와 모질에 도움이 되어 강아지들에게 무척 좋은 과일이에요.

참외는 수분이 많아 탈수 증상을 예방할 수 있고, 칼로리가 낮으며 비타민C, 엽산, 칼륨, 식이섬유, 미네랄이 풍부하게 들어 있어요. 하지만 당뇨가 있는 강아지라면 주지 않는 게 좋아요.

자두는 비타민A, 비타민C, 필수 미네랄, 항산화 물질이 풍부하고 저열량에 고섬유질 과일이라 다이어트에 좋아요. 하지만 자두 씨는 정말 위험하니 과육만 발라주세요.

이 모든 과일은 베이킹소다, 식초로 깨끗이 씻어 씨와 껍질을 제거하고, 알레르기 반응이 있는지 소량 먹여 반응을 살펴본 후 주세요.

뭐든지 너무 많은 양을 먹으면 구토, 설사 증세를 보일 수 있어요. 또한, 당이 높아 살이 찌기 쉬워요.

Q 집사들이 즐겨주는 강아지 보양식 황태백숙, 먹어도 괜찮나요?

A 황태와 닭 모두 노령견에게 도움이 되는 좋은 음식입니다. 황태는 아이들에게 유익한 단백질이 많은데, 대신 신경 써서 꼭 염분을 제거해주세요.

Q 부모님들이 자꾸 본인이 드시던 족발을 뼈 채로 줘요.

A 어른들이 항상 하시는 말씀이 있죠. "옛날 시골 강아지들은 사람 먹던 거 다 먹고도 오래 건강하게 잘 살았다." 강아지들이 좋아하는 햄, 소시지 같은 가공육엔 염분이 많이 들어 있는데, 사료 외의 염분을 추가로 섭취 시 염분 과잉이 되어 신장에 무리를 줄

수 있습니다. 족발은 기름이 너무 많은 음식이기 때문에 췌장염과 소화기 질환이 발생할 수 있습니다.

Q 삼겹살을 먹을 때면 옆에 딱 붙어서 쳐다보는 아이의 눈을 뿌리치지 못하겠어요. 돼지고기 줘도 되나요?

A 줘도 됩니다. 돼지고기는 한방 수의학 관점에서 보자면 음기를 보충해주고, 혈을 풍부히 하는 기능이 있습니다. 마른기침을 자주 하거나, 변비가 있는 아이들에게 좋은 단백질원이라 볼 수 있습니다. 하지만 기름기가 많아 급성 췌장염의 원인이 되기도 하니, 반드시 기름기를 제거하여 간식처럼 적은 양을 조금씩 주는 게 좋습니다. 삼겹살보다는 안심이 좋고요, 굽지 말고 삶거나 건조해서 먹이는 것이 바람직합니다. 양념이나 마늘, 소금 간은 절대 안 되는 거 아시죠?

Q **가수 티파니 씨가 강아지에게 깻잎을 먹이면 안 된다고 했어요. 정말인가요?**

A 깻잎은 복용 시 독성 위험이 있다는 연구 결과가 있어요. 소량만 먹으면 괜찮지만, 많이 먹을 경우 간과 폐에 손상을 유발할 수 있으니 먹이지 않는 게 좋아요.

Q **강아지에게 초란 간식이 영양가가 높다고 들었어요. 괜찮나요?**

A 계란 노른자는 콜레스테롤이 높기 때문에 하루에 1개정도만 간식으로 급여하시는 것이 좋습니다. 단, 날계란은 좋지 않습니다. 날계란의 흰자에는 아비딘(avidin)이라는 단백질이 포함되어 있어 신진대사에 장애를 일으킬 수 있습니다.

Q **엄마가 자꾸 단호박은 다이어트식이라며 강아지에게 먹여요.**

A 단호박은 다이어트에 도움이 됩니다. 칼륨, 비타민A, 비타민C, 비타민E, 베타카로틴 등 강아지에게 좋은 영양소도 많고, 100그램에 66칼로리밖에 하지 않는 저칼로리 음식에다가 식이섬유를 함유하고 있어 강아지 변비 완화에도 효과적입니다. 하지만 탄수화물이 주성분인 단호박으로 많이 채운다면 영양 불균형이 생길 수밖에 없습니다.

Q **그럼 고구마도 좋겠네요?**

A 고구마는 탄수화물, 비타민, 철분이 풍부한 음식으로, 눈, 피부, 모질 개선에 효과가 있습니다. 게다가 글루텐 프리라 소화에도 용이해요. 하지만 탄수화물이 많이 함유되어 있어 사료량의

10% 이하만 주세요. 당분이 많이 포함되어 있어 당뇨의 경우에는 주의가 필요합니다. 그리고 생고구마는 목에 걸릴 수 있으니 피하시고, 껍질 채 주면 곰팡이나 독성물질을 같이 먹을 수 있기 때문에 주의하세요.

과일과 고구마의 섭취는 비만을 일으키는 원인 중 하나이기 때문에, 간식을 주고 싶다면 포만감이 있는 당근이나 양배추를 추천합니다. 무엇을 먹이든 양은 적당히 줘야 합니다. 간식의 종류나 칼로리마다 다르지만 알기 쉽게 말하자면, 아이들의 발바닥 크기만큼 주시면 될 것 같아요.

Q 우리 강아지가 먹는 간식 맛이 궁금해요.

A 먹어도 되지만 간이 되어 있지 않아 맛이 없을 거예요.

강아지와 함께 먹을 수 있는 안전한 음식

☑ 얇게 썰어 데친 고기류

닭 가슴살, 양고기, 오리고기,
기름 없는 소 살코기

☑ 지방을 걷어낸 사골 국물

☑ 지방이 적은 소량의 데친 생선살

연어, 숭어, 특히 염분을 제거한 북어는 최고의
보양식으로 피를 맑게 하며 장염과 설사와 혈변 방지에 좋음

☑ 무 락토스 우유

☑ 익힌 노른자

모질 개선, 수유량 증가, 체력 증진에 도움이 되나 비만견과 알레르기 견은 제외

☑ 소량의 간

칼슘이 적고 인, 비타민A, B1이 높음

☑ 미지근한 소량의 두부

장염 예방 효과가 있음

☑ 씨를 제거한 소량의 수박, 사과, 배

소량의 바나나는 여름철 스트레스와 설사에, 배는 체했을 때 좋음

☑ 야채류(양파와 파는 절대 금물, 파란 토마토와 감자 잎도 안 됨)

익힌 당근은 백화증과 장염을 예방하고 다양한 비타민이 많음, 양배추즙은 위에, 브로콜리는 장에 좋음

☑ 익힌 고구마와 쌀

알레르기견에게 좋음

☑ 소량의 글루코사민

관절에 좋음

Q 강아지에게 절대 먹이지 말아야 할 음식을 알려주세요.

A 마늘은 아주 소량이어도 해로울 수 있습니다. 적혈구의 손상으로 인한 용혈성 빈혈, 위장 장애, 호흡기 질환 등이 올 수 있습니다. 양파의 티오설페이트 성분은 개의 적혈구를 파괴해 호흡곤란을 일으킬 수 있어서 절대 먹이시면 안 됩니다. 초콜릿에는 테오브로민과 카페인 성분이 심각한 중독을 일으키는데요, 심장과 신경계 이상, 경련과 발작 등 합병증이 일어날 수 있고요. 포도에는 독성 물질이 있어요. 신부전을 일으킬 수도 있고, 한 알만 먹어도 혈뇨, 설사 일으킬 수 있어요. 모두 신경 써서 피해주세요. 음식에 의한 중독 증상은 섭취량에 따라 달라지며, 평균적으로 6~12시간 이내에 증상을 보입니다.

Q 먹으면 안 되는 음식을 먹었을 때는 어떻게 해야 하나요?

A 최대한 빨리 병원에 가야 합니다. 구토 유발 처치를 비롯한 응급 처치를 받고 혈액검사 등을 통해 건강에 문제가 생기지 않았는지 확인해야 합니다. 위에서 말씀드린 음식들 외에도, 동물의 뼈나 자두나 복숭아 씨도 해당됩니다. 크기가 큰 과일 씨앗은 소화기를 통해 배출되지 못하고 위에 머무르며 위산 분비를 자극하여 위장 천공이나 위장염을 일으키거나 소장으로 넘어가 장폐색이나 장파열을 일으킬 수 있습니다.

동물의 뼈를 먹었을 때도 위급한 상황을 초래할 수 있습니다. 특히 닭 뼈는 부서지면서 날카로워진 뼈 끝부분에 의해 위나 장에 손상을 주어 내부 출혈, 천공, 감염 등을 일으킬 수 있습니다. 갑자기 헛구역질이나 구토, 호흡곤란, 식욕 저하 등의 증세를 보이면 빠르게 병원으로 이동하여 응급처치를 받는 것이 좋습니다. 병원에서 이물질을 제거한 이후에는 자극을 받은 위와 장을 보호하기 위해 유동식 사료를 급여해주는 것이 도움이 됩니다.

아프지말개
펫비타민

이게 강아지 코 고는 소리라고요?

강아지 코골이

배우 고은아 씨 집에서 집이 떠나갈 듯 큰 코 고는 소리가 들리네요. 아버님이 약주를 드시고 주무시나 봐요. 아니, 저렇게 조그마한 몸집에서 나오는 소리라고요? 하늘이가 이 코 고는 소리의 출처였어요. 엄마가 들어 안고 뽀뽀하는데도 하늘이는 코를 골면서 자고 있군요. 간밤에 제대로 잠을 못 잤나 봐요?

Q 틈만 나면 조는 강아지들, 건강에 문제가 있는 건 아닌가요?

A 미국의 국립수면재단 전문가에 따르면, 평균적으로 성견은 하루에 약 12~14시간 정도, 어린 강아지나 노령견은 18~20시간까지도 잠을 잡니다. 갑자기 잠자는 시간이 늘면 치매 같은 인지 기능 장애나 스트레스, 우울증 등 정신적인 문제까지 있을 수 있으므로 잘 살펴봐야 합니다.

하늘이는 코를 많이 골고 무호흡증도 있어서 밤에 숙면을 못 취하는 것 같아요. 아마도 하늘이는 만성피로에 시달리고 있을 겁니다.

Q 혹시 기면증 같은 건 아닌가요?

A 기면증은 수면발작입니다. 식사나 놀이를 하다 흥분한 상태에서 뇌가 문제를 일으키며 갑자기 기절하거나, 밥을 먹다가 45초 이내에 팔다리 근육이 풀리면서 잠이 드는 정도여야 합니다. 그리 흔히 볼 수 있는 경우는 아니죠.

Q 강아지 코골이 괜찮나요?

A 강아지 코골이의 원인은 주로 연구개 확장 때문입니다. 입천장 끝부분에 말랑한 부분을 연구개라고 하는데요, 숨을 내쉴 때 길어진 연구개가 기도를 덮으면서 코를 골게 되는 것입니다. 또 다른 원인은 콧구멍이 작거나, 비만으로 입천장과 식도 사이가 좁아

져서 그럴 수도 있습니다. 코를 골게 되면 충분한 산소를 공급받지 못해 심혈관계에 문제를 일으킬 수 있고 수면 무호흡이 올 수도 있어요.

하늘이 코골이의 원인도 연구개 확장 때문입니다. 선천적으로 입천장이 늘어져 있어요. 수술로 교정이 가능하지만, 현재 수술이 필요한 상태는 아닙니다. 다만 연구개 확장의 원인이 비만이기 때문에 하늘이가 살이 찌지 않게 체중 관리를 해야겠네요.

코골이 예방법

습도를 45~55% 사이로 맞춘다.

목을 건조하지 않게, 호흡을 한결 편안하게 해줄 수 있다.

코 주변을 물티슈로 자주 닦아 준다.

콧물이나 이물질로 인해 콧구멍이 좁아질 수 있으니 주기적인 제거가 필요하다.

하루에 3분 정도 코 양옆을 마사지해준다.

코 막힘에 좋은 혈 자리를 꾸준히 눌러주면 효과를 볼 수 있다.

베개를 사용한다.

턱 바로 아래에 베개를 놓아 목을 받쳐주면 기도가 일자가 되어 숨을 쉬기 편해진다.

깨끗한 산소 공급

실내를 먼지 없이 깨끗하게 관리하면 코골이가 줄어들어 자연스레 숙면을 취할 수 있다.

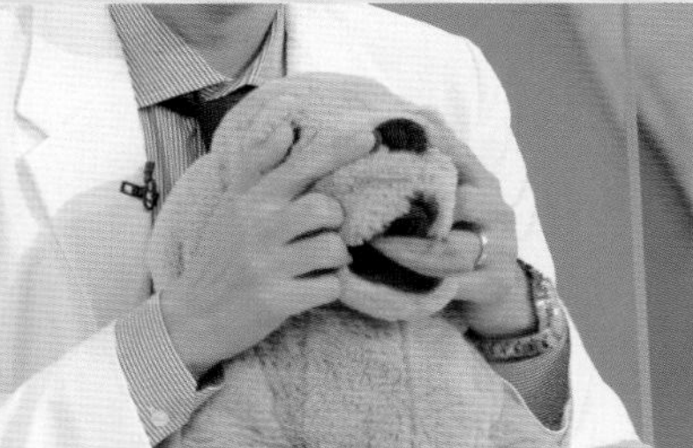

치와와
Chihuahua

멕시코의 치와와주(州)라는 지역명에서 이름이 유래된 멕시코 태생으로, 세상에서 가장 작은 견종 중 하나. 작은 고추가 맵다는 말처럼 승부욕이 강하고, 다른 개를 만나면 경계심을 보이며 싸우려 들기도 한다. 하지만 이건 공격심이 아니라, 반려인에 대한 애착에서 비롯된 보호하기 위한 행동이다.

작고 앙증맞아서 귀엽지만, 워낙 작다 보니 선천적 뇌수두증이 흔히 발생한다. 자라면서 열려 있던 두개골이 닫혀야 하는데, 닫히지 못해 벌어져 있는 경우가 있다. 워낙 뼈가 가늘고 약해 뼈 건강도 조심해야 한다. 골절되기 쉽고, 유전적으로 앞다리 어깨의 관절, 무릎 관절이 쉽게 탈구되므로 잘 관찰하는 것이 중요하다.

미국
치와와
멕시코

아프지말개
펫비타민

알레르기는
힘들어

자꾸 긁어대는 속사정

Q **시도 때도 없이 긁어대는 강아지, 이유는 무엇인가요?**

A 몸이 가렵기 때문이겠죠. 1차적으로 피부병이 있거나 알레르기 때문이라고 볼 수 있습니다. 하지만, 배나 귀를 가끔 긁는 건 지극히 정상적인 행동으로, 걱정하실 필요가 없습니다. 스스로 불안감을 해소하거나 안정감을 주는 셀프 마사지라 생각하시면 됩니다. 귀에 미주신경이 지나가는데, 거길 자극하면 진정 효과가 있습니다. 배를 긁는 건, 혈액순환에 변화를 줘서 긴장을 푸는 행동입니다. 배는 몸 중에 가장 털이 적은 부위로, 긁으면 시원함을 느낍니다.

Q 강아지도 알레르기가 있어요?

A 강아지들에게 알레르기 반응은 흔합니다. 모두 갖고 있지만, 그 수나 정도가 다를 뿐입니다. 알레르기는 질병이 아니라서 관리만 잘해주면 큰 증상이 나타나지 않습니다. 알레르기 증상은 눈물이 많이 나거나, 눈이 충혈되거나 몸을 긁거나, 숨 쉬는 게 불편해 헥헥거리기도 하는데요, 멍중이의 경우는 다행히도 약간 긁는 증상만 있는 것 같아요. 하지만! 면역력이 약해지면 알레르기에 더 예민하게 반응하고 증상이 심해지기 때문에 면역력 관리가 중요합니다. 특히 멍중이는 야외에 서식하는 식물, 야채, 과일 등에 대한 알레르기 반응이 심했습니다. 산책 때 풀을 먹는 건 금지해주셔야 합니다.

Q 강아지 알레르기는 어떻게 해결할 수 있나요?

A 사람과 비슷합니다. 환경 때문인지, 음식 때문인지 먼저 파악해야 합니다. 알레르기가 있는 음식을 피해 가려움도 없애주고, 양질의 단백질을 먹여서 삶의 만족도를 높여 주는 게 중요합니다. 연재 씨의 동생 두부는 소고기, 닭고기, 칠면조 고기, 돼지고기 알레르기가 있어서 오리고기, 양고기를 먹이면 좋습니다. 알레르기 검사가 부담스럽다면, 알레르기 프리 사료를 먼저 먹여 보세요. 그래도 긁는다면 사료를 바꿔가며 먹여 보는 것을 추천합니다!

Q 강아지 냄새가 심한 이유가 피부병 때문일 수도 있나요?

A 일명 '개 냄새'라고 하는 강아지 특유의 체취는 안 씻길수록 심해집니다. 그리고 입 냄새, 귀 냄새, 엉덩이(항문낭) 냄새 등 부위별로 관리가 되지 않았을 때 냄새가 날 수도 있어요. 질병으로는 균에 감염되는 피부염도 냄새가 날 수 있고, 신장 질환이 심해지면 요독성 구취가 있을 수 있습니다.

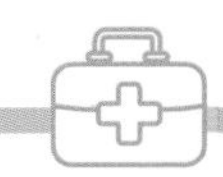

항문낭이란?

항문 아래 좌우측에 있는 작은 주머니를 말해요.
항문낭은 항문을 기준으로 4~5시 방향, 7~8시 방향에 위치해 있어요. 항문낭 안에는 고약한 냄새가 나는 분비물이 들어 있는데, 이 냄새를 통해 반려견들은 자기 정보를 공유하거나, 자신의 영역을 표시하기도 한답니다. 항문낭 분비물은 배변 등을 통해 자연적으로 배출되기도 하지만, 원활히 배출되지 못할 경우 염증이 생기기 때문에 관리가 필수입니다.

항문낭 관리법

1. 반려견의 뒷다리가 살짝 지지될 정도로 꼬리를 위쪽으로 들어 올려준다.
2. 항문 아래쪽 좌우측이 통통하게 만져진다면 휴지로 덮은 뒤 가장 통통한 곳 아래를 받쳐서 밀어 올리듯 짜낸다.
3. 3주에 1번 정도, 목욕 전에 시행하면 좋다.

Q 우리 강아지에게서 덜 마른 걸레 냄새가 나요. 냄새와 지루피부염은 어떻게 고칠 수 있을까요?

A 지루성 피부는 사람으로 치면 여드름 피부! 사람도 여드름 피부를 두고 개기름이 껴서 냄새가 난다고 표현하잖아요. 피부에서 피지가 과다하게 분비되어 냄새가 나는 것입니다.

지루피부염의 원인 자체는 목욕의 횟수와는 크게 관련이 없지만, 피부염 관리를 위해 적어도 2주에 한 번씩은 약용 샴푸로 목욕을 해야 합니다.

Q 우리 집 아이는 대형견이라 집에서 목욕시키기가 쉽지 않아요. 쉬운 방법은 없을까요?

A 사실, 강아지 약용 샴푸나, 지루피부염 전용 보습제를 사용해서 목욕을 시키는 게 제일 좋긴 하지만, 현실적으로 전문적인 목욕이 어려울 때 집에서 쉽게 민간요법으로 따라 할 수 있는 방법을 알려드릴게요.

대형견 유사 목욕법

1. 식초와 물을 1:1 비율로 희석한 용액을 아이의 몸 전체에 충분히 뿌려 적셔줍니다.
2. 마른 수건으로 닦아냅니다. 특히, 겨드랑이 부분을 좀 더 신경 써서 닦아줍니다. 겨드랑이는 몸과 다리가 접힌 부위라 통풍이 잘 되지 않아 세균이 쉽게 번식하기 때문입니다.
3. 각질을 닦아 낸 다음,
4. 건조해진 피부에 항균과 보습 효과를 주는 코코넛 오일을 발라 줍니다.

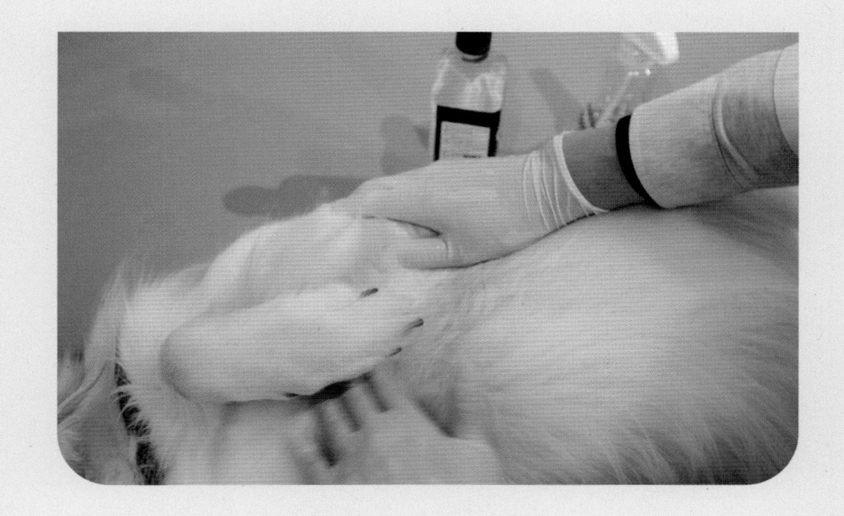

Q 목욕이랑 냄새랑 관계가 있죠?

A 냄새는 먼지와 세균, 곰팡이가 생기면서 발생합니다. 자주 안 씻기면 피부의 기름기와 털에 있는 먼지와 세균에 의해 냄새와 곰팡이가 생기기 쉽습니다.

Q 목욕은 어느 간격으로 어떻게 시켜야 좋나요?

A 강아지 목욕 주기는 품종과 나이, 피부 상태에 따라 다릅니다. 강아지는 피부가 약해 너무 잦은 목욕을 하는 경우 피부 건조증 및 각질, 비듬 문제를 겪을 수 있습니다. 모든 강아지에 해당하는 주기를 정하기는 어렵지만, 청결하고 건강한 피모를 위해 소형견은 10일 정도에 한 번이 적당하다고 알려져 있습니다.

하지만 다음의 경우 더 자주 목욕을 시켜줘야 합니다.

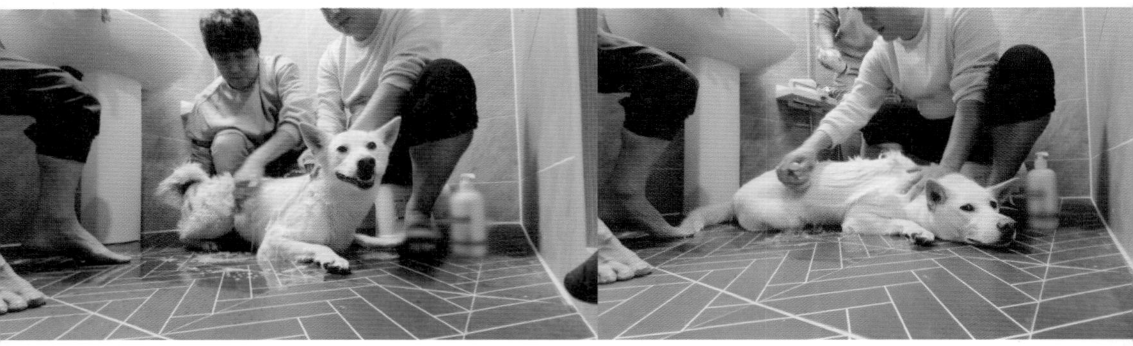

- ☑ 털이 길어 각종 먼지가 자주 달라붙는 경우
- ☑ 피부병이 있어 약욕을 하는 경우는 약물로 일주일에 수회
- ☑ 하루 중 실외에 있는 시간이 길고, 땅파기나 뒹굴기를 좋아하는 경우
- ☑ 강아지에게 냄새가 나기 시작할 때

목욕 시 유의 사항으로는 목욕 전에 빗질을 하여 오물이나 먼지를 제거합니다. 그리고 엉킨 털을 풀어야 합니다. 털이 뭉친 채로 목욕을 하면 털 사이로 피부까지 샴푸가 제대로 묻지 않고, 털이 더 엉킬 수 있습니다. 몸을 먼저 샴푸하고 눈과 귀에 샴푸나 물이 직접 많이 들어가지 않도록 조심히 샴푸합니다. 강아지는 산책 때문에 발바닥과 다리에 이물질이 많이 붙으니까 샴푸는 아래부터 해주세요. 헹구는 과정은 머리부터 헹궈주세요. 그리고 드라이어와 수건으로 잘 말려줍니다. 속 털을 잘 말려야 피부가 습해서 생기는 피부병을 줄일 수 있습니다.

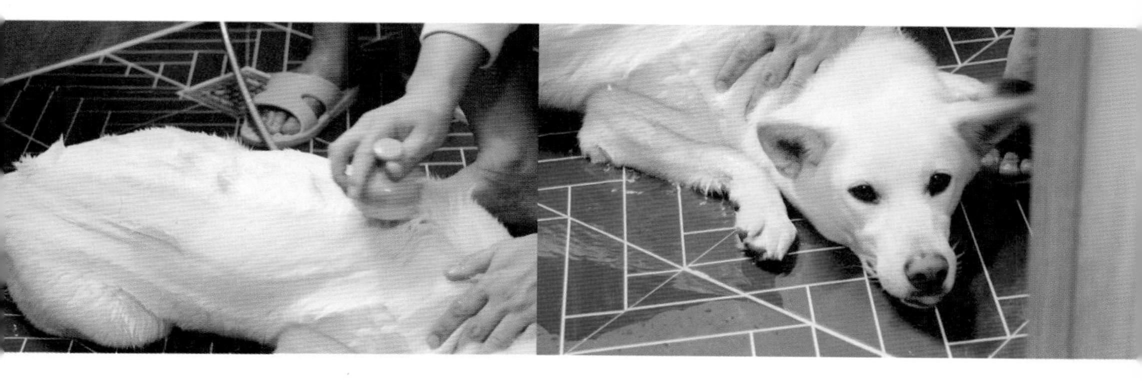

Q 목욕할 때마다 전쟁이에요. 강아지보다 제가 더 목욕이 무서워요.

A 강아지가 목욕을 싫어하고 무서워한다면 샤워기는 잠시 미뤄두고, 대야에 따뜻한 물을 받아 꼬리와 발부터 조금씩 끼얹으며 적응시켜주는 것이 좋습니다. 샤워기는 소리도 나고 물줄기가 얼굴에 닿으면 숨쉬기도 어렵잖아요. 물에 적응이 되면 천천히 샤워기를 꺼내보세요. 몸 전체를 다 못 씻겨도 괜찮아요. 샴푸 없이 연습을 반복하며 신체의 범위를 넓혀보세요. 목욕물 온도는 우리 목욕물보다 조금 더 따뜻하게 해주세요. 강아지의 체온은 사람보다 1~2도 높으니 37~38도의 온도가 적절합니다. 목욕에 적응이 되면 적정량의 샴푸를 도포하여 손가락 끝으로 부드럽게 마사지하듯이 씻겨주

세요. 린스를 사용한다면 원액을 바로 쓰는 것보다 물에 희석해서 사용하는 것이 좋습니다. 목욕이 끝나면 털뿌리까지 완전히 건조시키는 것 잊지 마시고요. 드라이 시 실리콘 브러시로 빗질을 하면 피부 마사지 및 건조에 도움이 됩니다.

Q **물놀이는 좋아하는데, 왜 목욕물은 싫어하는 걸까요?**

A 강아지들은 생각보다 겁이 많아요. 대부분의 강아지는 한 번도 안 해본 건 무서워서 안 하려고 하는 경향이 있습니다. 생후 3개월에서 4개월까지가 사회화 시기인데, 이때 하지 않았던 일을 이후에 하자고 하면 일단 의심부터 합니다. 어렸을 때 목욕하는 습관을 들이고 좋은 기억을 주는 것이 중요합니다.

Q **강아지에게도 뜨끈한 반신욕이 좋나요?**

A 사람에게처럼 강아지에게도 반신욕은 혈액순환과 노폐물 제거, 피로 회복, 관절 통증완화 효과가 있습니다. 물의 적정 온도는 정상 체온과 비슷한 온도가 좋으니 약 37도 정도로 맞춰주면 됩니다.

Q 털이 심하게 빠집니다. 탈모가 아닌지 걱정이에요. 털이 많이 빠지는 특정 시기가 있나요?

A 탈모의 특징은 털이 빠진 자리에 피부가 보이고, 털이 나지 않는 것이 탈모입니다. 이럴 경우에는 어서 병원에 들러 진료와 처방을 받아야 합니다. 털 빠짐의 가장 큰 원인은 아무래도 털갈이겠죠. 강아지들은 봄과 가을에 털갈이를 합니다. 봄에는 더운 여름을 나기 위해 털이 빠지고, 가을엔 추운 겨울을 나기 위해 얇은 털이 빠지고 두꺼운 털이 다시 자랍니다. 2주, 길게는 3 ~ 4주에 걸쳐 털갈이를 합니다. 주기적으로 빗질을 하면 집 안에 털이 지나치게 날리는 것을 막을 수 있습니다.

Q 빗질이 강아지들에게 심리적인 안정감을 준다던데, 정말인가요?

A 그렇습니다. 빗질해주면서 자연스레 스킨십을 하게 되지요. 그 시간 자체가 반려인과 반려동물의 유대감을 높여줍니다. 몸 구석구석을 만지며 건강 상태나 관절의 통증도 체크할 수 있으니 일석이조입니다. 그뿐만 아니라 혈액순환을 돕고 털의 엉킴을 방지해서 피부 질환 예방에도 좋습니다. 평소에는 털이 난 방향으로 부드럽게 빗겨주고, 외출 후 이물질을 제거할 때는 털이 난 반대 방향으로 빗겨주면 좋습니다.

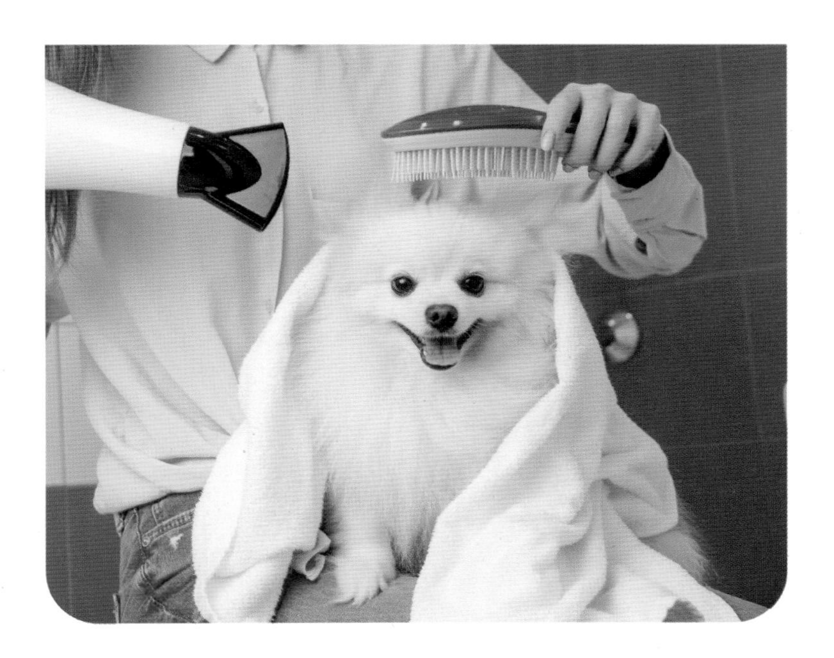

집사의
알레르기

몽이 엄마 기량 씨. 일어나자마자 눈 비비기 바쁘네요. 아니, 이거 알레르기 아닌가요? 심한 날은 눈동자가 빨갛게 부어올라 약을 먹어야 할 정도라고요. 오래 겪어 익숙해진 듯도 하지만, 한 번씩은 정말 지독하게 시달린대요. 그런데 몽이를 키운 지 무려 3년 만에 우연히 알게 되었다고요? 혹시 나도 동물 털 알레르기가 있는 건 아닐까요?

Q 내가 개털 알레르기가 있는지 모르고 사는 사람도 있을 것 같아요. 증상이 어떻게 되나요?

A 일반적으로 재채기나 기침, 콧물, 코 막힘, 눈물 나고 가렵고, 눈의 충혈, 피부 두드러기가 있습니다. 심한 경우에는 기도가 부어서 호흡곤란을 일으키거나 갑자기 가슴이 답답해지는 증상까지 있을 수 있습니다.

Q **개털 알레르기가 생기는 이유와 극복하는 방법은 없나요?**

A 개와 고양이 털 알레르기는 털이 아니라 털에 묻은 각질과 침으로 인해 유발합니다. 목숨의 위협을 느낄 정도라면 분리된 생활 외에는 답이 없습니다. 하지만 증상을 완화하기 위해 노력해 볼 수는 있습니다.

- ☑ 마스크를 쓰고 실외에서 빗질을 자주 해줍니다.
- ☑ 주기적으로 목욕을 하여 강아지 털에 있는 알레르겐을 줄여줍니다.
- ☑ 피부병이 있는 경우 각질이 더 많이 떨어지니 주의합니다.
- ☑ 반려견을 접촉한 후에는 코나 눈을 만지지 말고 바로 손을 씻습니다.
- ☑ 진공청소기를 사용하여 자주 청소해줍니다.
- ☑ 공기청정기 사용 및 환기를 자주 해줍니다.
- ☑ 카펫과 패브릭 소파, 커튼 등의 직물을 사용하지 않습니다.
- ☑ 침실 등 가장 오래 머무는 공간에는 반려견이 들어오지 않게 합니다.

아프지말개
펫비타민

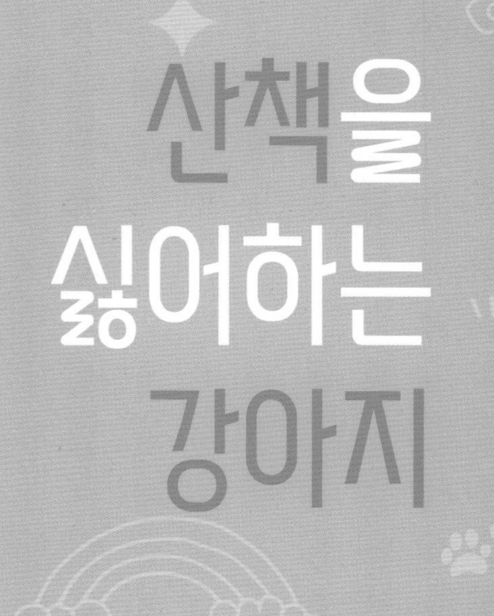
산책을
싫어하는
강아지

산책을 싫어하는 속사정

산책 싫어하는 강아지는 처음 봐요. 연재 씨가 체조 선수 출신이고 운동을 좋아하니까 두부도 당연히 좋아할 것 같은데 말이죠. 비교적 조용하고 안전한 연재 씨 체조 스튜디오에서도 방석 안에 들어가 있으려 하고, 밖에서도 가방에 넣어달라고 조르네요. 두부는 움직이는 것보다 잠자는 걸 더 좋아하는 것 같네요.

Q **두부에게서 어떤 건강 시그널이 포착되었나요?**

A 두부의 일상생활에서 눈에 띄는 시그널은, '조금 먹는다', '움직이기 싫어한다', '예민하다', '자주 긁는다'였어요. 병 때문에 피부가 가렵고, 관절이 아프니까 아픈 부위를 만질까 봐 항상 긴장 상태로 참고 있다가 순간 돌변하는 것! 건강검진을 할 때도 얌전히 있다가 다리를 만지니까 으르렁댔어요. 아프다는 시그널이죠.

슬개골이 탈구가 돼서 불편하니까 움직이기 싫어했던 거예요. 실제로 근육이 많이 소실되어 있는 상태였어요.

그리고 아토피 때문에 알레르기 프리 사료를 먹고 있는데 사료가 맛이 없어서 먹는 즐거움을 잃었나 봐요. 조금 먹으면 단백질 보충도 그만큼 어려워 결국엔 근육 문제로도 이어져요.

Q 아토피 때문에 너무 속상해요. 피가 나도록 긁어서 넥카라를 씌워주면 여기저기 부딪히고 밥도 잘 못 먹어서 벗겨주게 되고, 그럼 또 긁어요. 이 지옥 같은 굴레를 벗어날 방법 없나요?

A 저런, 많이 속상하시겠어요. 개, 고양이의 아토피는 한 살 무렵부터 긁는 증상으로 시작됩니다. 세 살 무렵부터는 귀를 긁는 증상과 더불어 피부 발적이나 피부에 고름 물집이 잡히거나 비듬이 덕지덕지 생기는 등 전형적인 증상들을 보이게 됩니다. 대부분의 경우 귓병을 동반하기 때문에 계속 귓병이 생긴다면 아토피를 의심해 봐야 합니다.

아토피는 현재 의학으로도 완치가 불가능한 질환입니다. 완화가 치료의 목적입니다. 적절한 약물 요법이나 면역 치료, 약욕 처치와 처방식 등 검증된 치료법을 꾸준히 해 나간다면 증상이 확연히 완화되고 가려움 없는 행복한 삶을 살게 될 것입니다. 반면에 검증되지 않은 민간요법은 피해야 합니다. 목초액을 바르거나 효소액을 먹이는 등의 민간요법은 질환을 한층 더 심화시킵니다.

아토피 치료제로 많이 사용되는 스테로이드 약물은 부작용 때문에 무조건 꺼리시는 반려인들도 있지만, 수의사의 처방에 따라 정확한 용법을 맞추어 사용하면 좋은 효과를 기대할 수 있습니다.

아토피 피부염 관리법

1. 15~25도 정도의 온도를 유지해주시고 약 40%의 적정 습도를 유지해주세요.
2. 긁으면 피부 손상이 심해집니다. 넥카라를 씌우거나 장갑을 착용시켜서 피부가 심하게 손상되지 않도록 해주세요.
3. 일주일에 2~3회 처방받은 약욕 샴푸로 약욕하고, 털 안쪽까지 잘 말려주세요. 그리고 반드시 보습을 해야 합니다. 뿌리거나 바르는 타입의 다양한 보습제가 시판되고 있으니 살펴보세요.
4. 집 먼지 진드기에 의한 아토피도 많으므로 집을 깨끗이 청소하고 곰팡이 등이 서식하지 않도록 자주 환기해주세요.
5. 가장 중요한 건 병원에 꾸준히 다니셔야 합니다. 아토피 관리에 관한 환경 관리와 약욕, 사료에 대한 조언을 받으시고 적절한 약물 치료를 선택해주세요.

Q **슬개골. 많이 들어봤지만 정확히 어디에 있는지 모르겠어요. 사람으로 치면 어디에 있는 거예요?**

A 슬개골(膝蓋骨)은 사람에게도 있는 구조물로 우리말로 풀면 무릎 슬, 덮을 개, 즉 무릎뼈에 해당합니다. 넙다리뼈 아래에 오목하게 패인 홈에 쏙 들어가 있는 뼈입니다. 일종의 도르래 역할로 무릎이 쫙 펴지기 위해 꼭 필요한 뼈로, 탈구가 되었다는 건 무릎 운동 중 무릎뼈가 정상 범위를 벗어나 문제가 되는 것이에요.

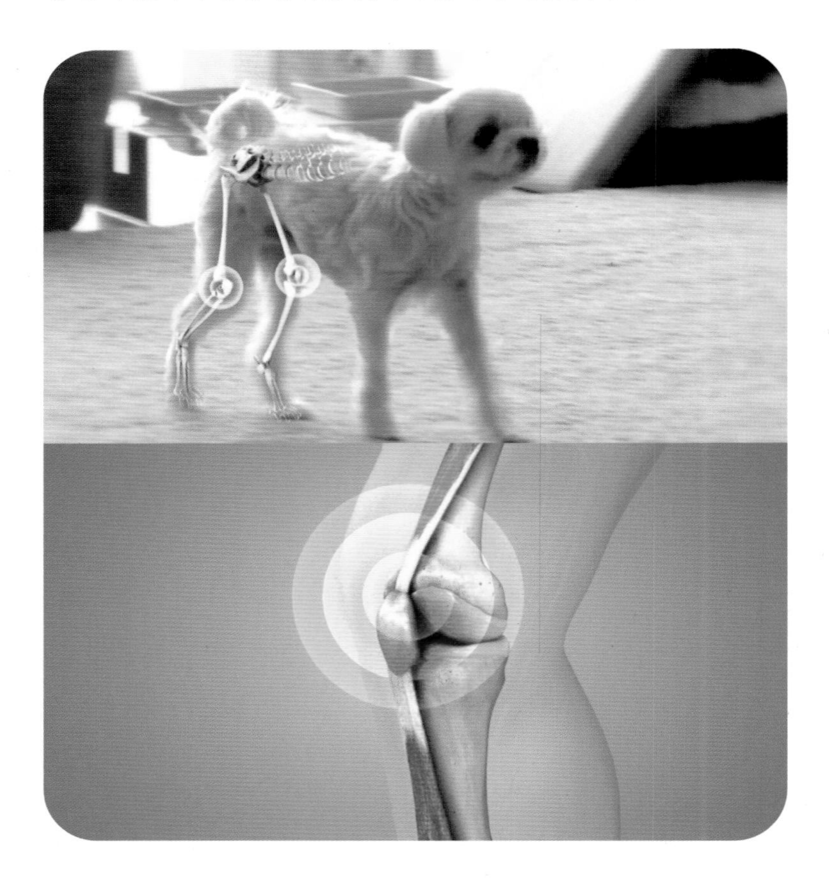

Q 두부는 슬개골 수술도 했고 집에 매트도 신경 써서 깔아 놨는데, 또 탈구가 된 이유가 뭔가요?

A 슬개골 탈구는 아주 흔한 질환으로 모든 품종에게 나타날 수 있지만, 특히 소형견에게 많이 발생합니다. 선천적인 유전이 원인으로 발생하는 경우가 대부분이지만, 외부 충격이나 미끄러짐 등과 같은 외상으로 탈구하는 경우가 있습니다. 그리고 수술 후 복합적인 요인으로 재발할 수가 있습니다. 강아지는 수술 후 본능적으로 걷고 싶어 합니다. 그래서 이때 운동 제한을 얼마나 해줬는지가 관건입니다. 엑스레이를 보면 두부의 근육량이 적습니다. 수술을 했어도 근육량이 적으면 다시 탈구될 수 있어요. 근육을 기르는 운동으로는 수영이 가장 좋습니다. 강아지의 어깨 정도까지 물에 잠기게 욕조에 물을 받아 양쪽으로 왔다 갔다 왕복하게 하면 관절에 무리 없이 근육도 기르고 다이어트도 할 수 있습니다.

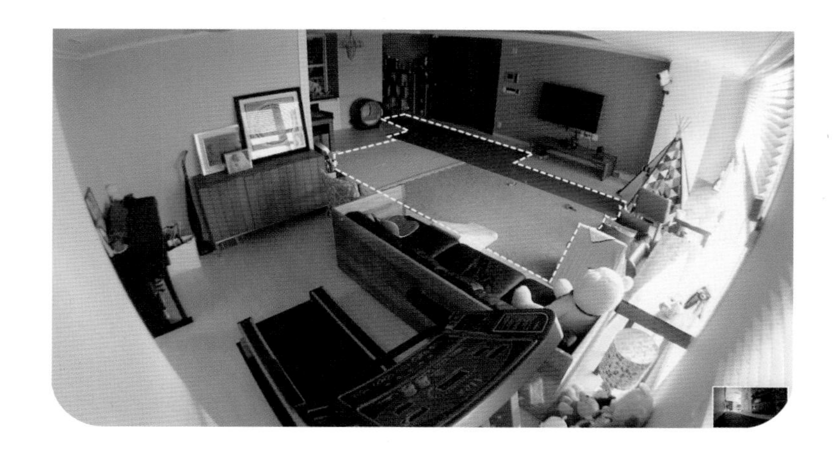

Q 혹시 집에서 슬개골 탈구를 확인하는 방법이 있나요?

A 보통은 병원에서 촉진 검사와 방사선 검사를 통해 진단합니다. 간단하게 집에서 확인하는 방법은, 강아지의 무릎을 살짝 굽힌 다음 슬개골을 옆으로 밀어보세요. 뚝 소리가 나며 뼈가 빠지는 게 느껴지면 슬개골 탈구를 의심해 볼 수 있습니다.

Q 사람의 경우 관절 수술은 늦게 할수록 좋다고 하잖아요. 강아지 슬개골 수술을 빨리하는 게 좋은 이유가 있나요?

A 탈구는 모든 동작이 아닌 특정한 동작에서 일어나기 때문에 사람의 의지로 움직임에 조절이 가능합니다. 하지만 강아지는 조절이 불가합니다.

슬개골 탈구의 단계는 4가지로 나뉘는데, 3단계 이상이 되면 다리의 변형이 일어나고 관절염도 심해지므로 이 시기가 지나기 전 2단계 때 수술적 치료가 필요합니다. 탈구가 진행될수록 관절염과 뼈의 변형이 발생하여 교정이 어렵고 재발 가능성이 높아집니다. 4단계까지 진행된 경우는 다리 형태의 변형이 심해 슬개골을 제자리에 위치시킬 수 없습니다. 되도록 빠를수록 좋습니다.

물론 다양한 방법을 통해 진행 속도를 늦추거나, 후천적 슬개골 탈구의 발생 가능성을 낮출 수 있습니다. 평소 무릎 관절에 무리를 주는 미끄러지면서 넘어지거나, 점프를 하는 일이 없게 합니다.

미끄러짐을 방지하기 위해 발바닥 털을 짧게 관리해주시고 미끄럼 방지 매트, 강아지 계단이나 슬라이드 설치, 슬개골 보호 의류를 착용하거나 관절 영양제를 급여하면 도움이 됩니다.

체중이 많이 나가는 경우에도 관절에 무리가 갈 수 있어 식이 조절과 적당한 산책과 운동으로 다리의 근육량을 증가시켜주어야 합니다.

다리 근육 키우기

근육 강화엔 수영이 가장 좋지만 현실적으로 쉽지 않으니, 평지에서 앉았다 일어났다를 10번씩 3세트, 다리를 밀어주는 운동 15번 3세트 합니다.

아프지말개
펫비라민

움직이기
싫어하는 아이,
혹시 디스크?

움직이기 싫어하는 아이

탐스러운 하얀 백설기의 언니, 연기자 겸 개그우먼 이수지 씨 안녕하세요. 집에 반려견이 많네요. 수지 씨 어머니 반려견인 사랑이와 아리 모녀, 수지 씨의 남편이 총각 시절부터 키워온 두치와 뿌꾸 형제. 그리고 수지 씨 결혼 후에 새롭게 가족이 된 백설기까지 총 강아지 다섯 마리, 사람 셋이 함께 지내고 있군요. 6세로 추정되는 설기는 지난겨울에 가족이 되었다고 합니다. 나이를 정확하게 알 수 없는 건 유기견이었거든요. 암에 걸린 전 주인 어르신이 더 이상 키울 수 없다며 공중화장실에 설기를 두고 가셨대요. 설기를 보자마자 수지 씨는 마음이 콩닥거리면서 내가 저 아이를 품어야겠다, 가족이 되어야겠다 결심했다고 합니다.

그렇게 가족이 된 소중한 설기! 그런데 행동의 특징이 있네요. 일단은 2층 주택에 살면서 계단 오르기를 싫어하고요, 조금만 움직여도 앉아 있기를 좋아해요. 혹시 이거 허리 디스크 시그널일까요?

Q **척추뼈 변형으로 인한 허리 디스크가 의심되는 설기에게 어떤 처방을 내려주실 수 있을까요?**

A 척추뼈의 변형으로 인해 위축된 근육을 풀어주는 혈자리 마사지와 짐볼을 이용한 중심 잡기를 가르쳐드릴게요.

혈자리 마사지

1. 뒷다리 대퇴골(엉덩이와 허벅지 사이)이 움직이는 곳에 가운데 양쪽 뼈를 양 엄지 손가락으로 마사지합니다.
2. 족삼리(슬개골 위치에서 손가락 한 마디 정도 아래에 움푹 들어간 양쪽 뼈)를 양 엄지손가락으로 마사지합니다.
3. 갈비뼈 끝에서 척추뼈 쪽으로 손가락을 쭉 올리면 바로 닿는 등 쪽 양쪽 척추뼈를 양 엄지손가락으로 마사지합니다.

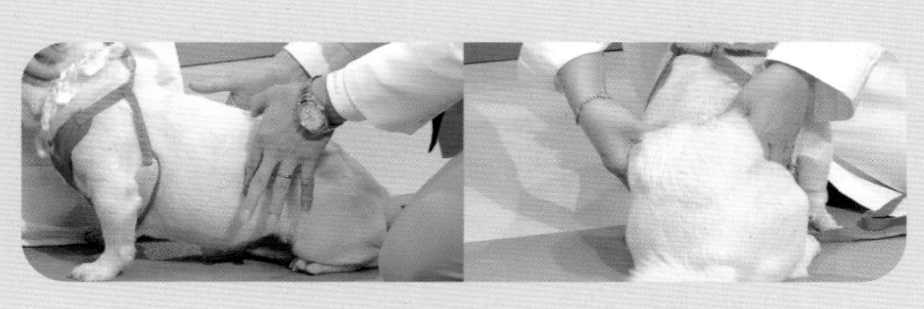

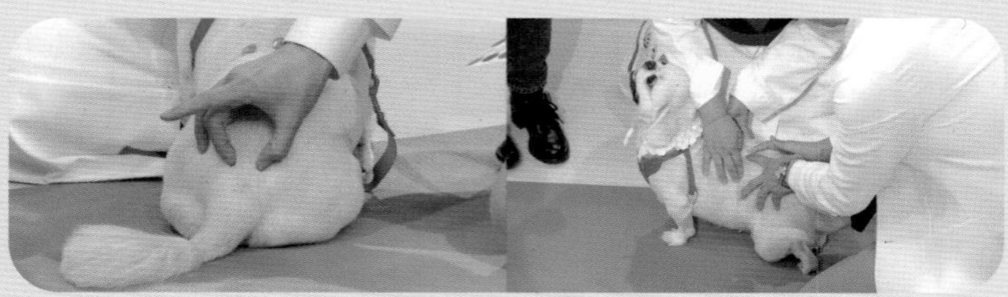

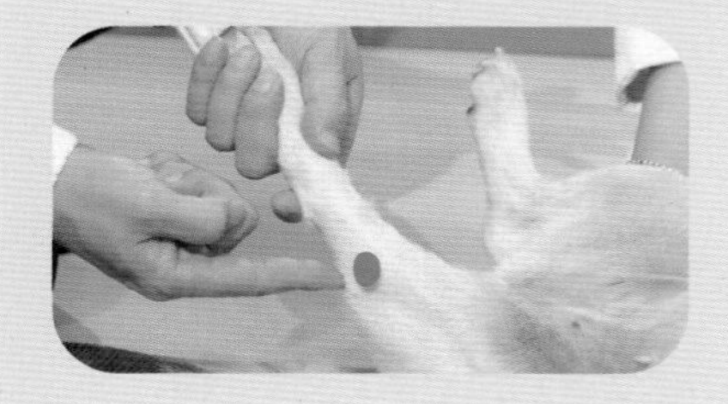

설기는 운동 부족으로 인해 근육 또한 부족한 상태입니다. 견종 특성상 허리가 길어 코어 근육이 중요한데요. 코어 근육을 길러줄 수 있는 중심 잡기 짐볼 운동을 해봅시다. 짐볼에 서서 버티고 있는 것만으로도 코어 근육 형성에 도움이 되거든요. 짐볼의 탄성 때문에 강아지가 자연스럽게 균형을 잡게 되는데, 코어 근육 강화뿐만 아니라 전신운동이 될 수 있습니다. 설기 같은 경우는 무릎과 엉덩이가 좋지 않기 때문에 고꾸라지지 않도록 허리와 엉덩이를 받쳐주면 좋습니다.

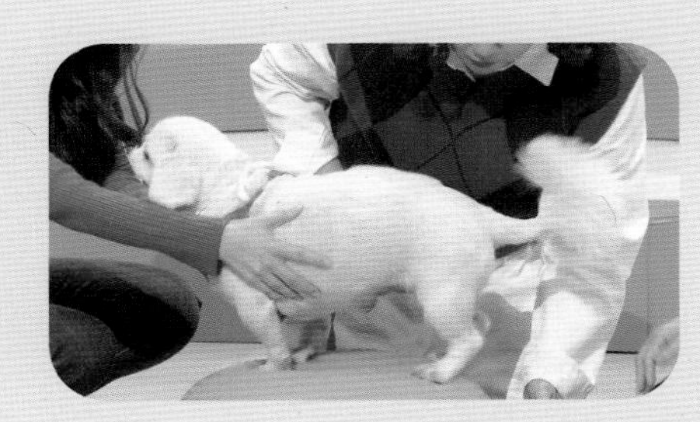

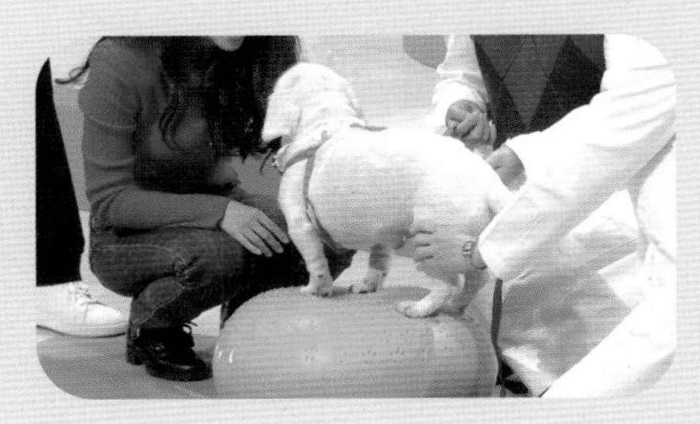

페키니즈
Pekingese

8세기부터 중국 왕족들이 길러왔다던 견종. 영국 빅토리아 여왕을 비롯해 왕궁에서 귀하게 자라 도도하고 고양이 같은 성격이 특징이다. 원래는 키 15~25cm, 체중 2.5~6.5kg 정도의 초소형견이라 중국 왕족들이 옷소매에 넣고 다닐 정도였다고 한다.

주둥이가 짧고 코가 눌려 얼굴이 납작한 아이들을 '단두종'이라고 하는데, 콧구멍이 좁고 입천장이 늘어지고 기관 입구가 변화되고 호흡하는 기관이 좁아지는 '단두종 증후군'에 잘 걸린다. 이런 아이들은 날씨가 덥거나 흥분하면 호흡곤란이 생기기 쉬워 주의해야 한다.

다리가 짧아 슬개골 탈구나 척추 질환을 조심해야 한다. 높은 곳에서 뛰어내리는 행동은 좋지 않다. 또한 눈이 커 각막 질환을 조심해야 한다.

장두종
단두종

아프지말개
펫 비타민

노령견 섭생법

나이 든 강아지의 먹고사는 일

가수 황보 씨와 그녀의 사랑스러운 반려견 진쓰. 황보 씨는 반려동물과 함께 산 경력이 20년이나 되었답니다. 지금껏 여섯 고양이, 세 강아지와 함께해 왔다고 하네요. 행복하게 함께한 친구들 하나둘 먼저 떠나보내고, 지금은 진쓰만 남았어요. 진쓰는 17세라는 나이가 믿어지지 않게 동안이네요. 털에 윤기도 자르르 흐르고 눈동자도 별처럼 반짝여요. 진쓰에게 간식을 주고 잠시 외출을 한 황보 씨. 반려인이 나간 사이, 진쓰는 어떻게 시간을 보낼까요? 엄마가 나간 후에도 한동안 계속 집 안을 쉬지 않고 돌아다니는 진쓰. 이것이 바로 장수의 비결일까요? 그러던 중, 진쓰에게 이상 시그널이 포착됐습니다. 구토를 하네요. 그리고 토사물을 그대로 다시 먹는 진쓰, 괜찮을까요?

Q 강아지가 구토는 어떤 시그널인가요?

A 구토는 대부분 문제 증상입니다. 강아지는 사람보다 토하기 쉬운 신체 구조이기 때문에 과식을 하거나 음식을 잘못 먹으면 구토를 합니다. 가끔 한 번씩 하는 것은 괜찮으나, 하루에 2~3회 이상 구토를 하는 경우에는 바로 병원에 가야 합니다.

크게 원인은 세 가지입니다. 1. 질병에 의한 증상 2. 물리적 막힘 3. 호르몬에 의한 증상. 물리적인 구토는, 호기심에 물고 놀다가 삼킨 것이 위염을 일으킨 경우에 나타납니다. 심각한 경우 개복 수술이나 내시경으로 이물을 꺼내야 합니다.

토사물의 형태와 색에 따라 위험도를 판단할 수 있는데요, 투명한 무색 토는 물이나 위액이 역류한 것으로, 한 번 정도는 괜찮은 경우가 많습니다. 흰 거품 구토는 쓴 약을 복용하거나, 구토 과정에 입안에 침이 고여서 거품이 발생한 경우입니다. 가끔 식도 내 이물이 걸렸을 때도 거품 구토를 합니다. 만약 고통스러워하는 몸짓과 함께 거품 구토를 하면 매우 응급한 상황이니 곧바로 병원에 내원해주세요. 음식물이 섞인 토는 급하게 음식을 먹은 경우인데, 위장이 둔해지면서 소화가 안 된 음식을 토할 수 있습니다. 노란색 토는 소장액이 역류한 것이고, 공복이 오래되는 경우 생길 수 있습니다. 사료를 먹인 뒤 또 구토를 하는지 관찰해 보세요. 상습적으로 노란 구토를 하는 경우, 역류성 식도염이나 위염일 수 있으니 반드시 내원하세요. 위험한 토는 핑크색이나 붉은색이 섞인 토인데요, 입속, 식도, 위, 장에 상처로 소량의 출혈이 생긴 경우일 수가 있으니, 병원에 내원하는 게 좋습니다. 방사선 검사와 내시경 검사로 위염이나 내 이물 또는 종양 등의 질병이 아닌지 알아보아야 합니다.

Q

토한 것을 다시 먹는 건 괜찮나요?

A

토사물을 먹는다고 해서 큰 문제가 일어나지는 않습니다. 하지만 위액이 포함된 토사물의 경우 산성을 띄고 있기 때문에, 식도를 다시 한번 손상시킬 위험이 있습니다.

Q

노령견이 설사와 구토가 잦은 이유는 뭘까요?

A

신체 기능이 저하되어 음식물을 제대로 소화하지 못하기 때문입니다. 누워 있는 시간이 길어지고 활동 시간은 짧아지기 때문에 예전과 같은 급여 방법은 소화에 부담이 됩니다. 노령견 식사법으로 급여 방식을 바꿔주세요.

노령견 식사법

밥그릇 높이를 조절해주세요.

식기 높이가 낮아 고개를 숙여 먹으면 대충 씹거나 삼킬 때의 불편함을 겪을 수 있어요. 아이의 키에 맞춰 식기의 높이를 조절해주세요.

전용 사료를 주세요.

활동량이 줄어 비만과 변비의 위험이 높아집니다.

칼로리가 낮은 노령견용 사료 또는 식이섬유가 풍부한 브로콜리나 양배추를 삶아 주세요.

조금씩 나눠주세요.

평소 먹던 사료의 양을 횟수를 늘려 나눠서 주세요.

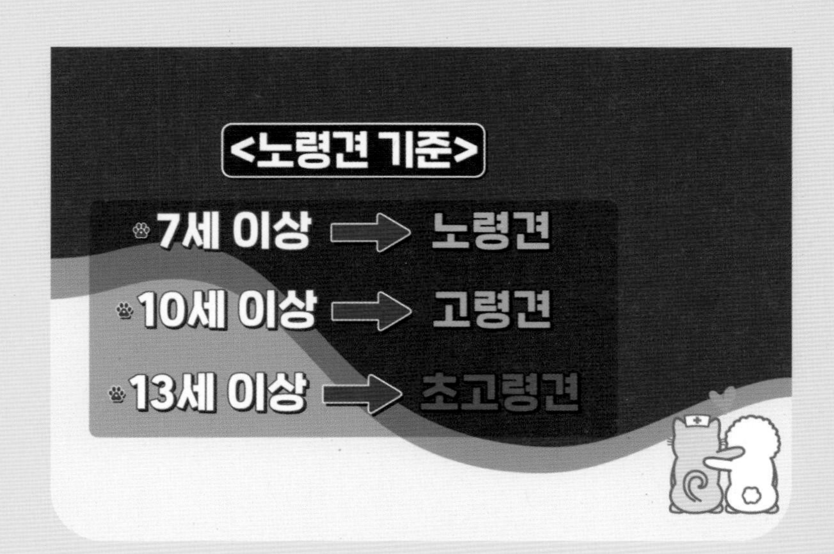

Q 사랑하는 반려견과 함께 오래오래 살려면 어떻게 해야 하나요?

A 우선 치석 제거가 필수입니다. 장수 비결이 치석 제거라니 의외죠? 반려동물의 치석은 수명과 직결되어 있습니다. 강아지 입에 치석이 많이 생기면 치석 속 세균이 혈액을 타고 몸속 곳곳을 돌아다니면서 심장, 신장, 간을 비롯한 주요 장기에 악영향을 끼치거든요. 치석 제거용 치아 연고나 물에 타 먹는 치석 제거제, 그리고 사료에 뿌려 먹는 치석 제거 파우더가 있습니다. 하루에 한 번 칫솔질을 추천합니다.

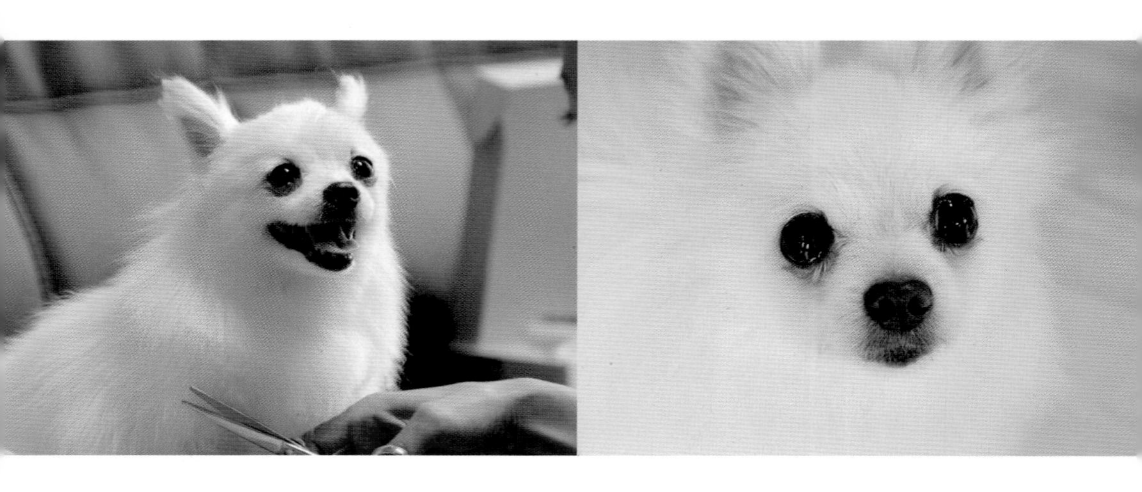

Q 양치 대신 개 껌으로 해결되나요?

A 개 껌을 먹이는 이유는 치아에 붙은 치태를 없애는 용도입니다. 대신 껌이 너무 딱딱하면 턱관절에 무리가 올 수도 있고, 너무 무르면 치아 사이에 끼기도 해서 만졌을 때 그렇게 딱딱하지 않은 껌을 주는 것이 좋습니다. 팁을 드리자면, 치약을 발라서 주면 양치를 하는 효과까지 보실 수 있습니다.

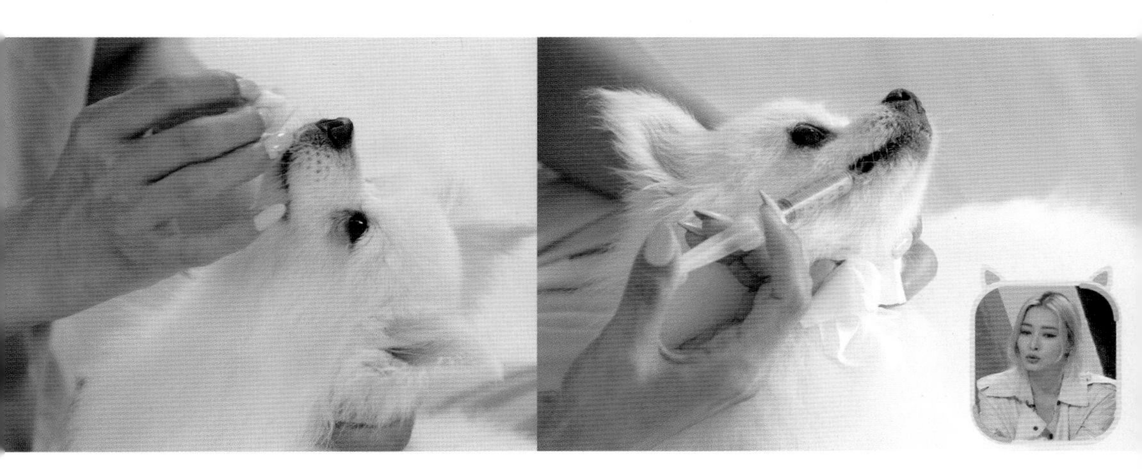

아프지말개
펫비타민

변마저
사랑스러운
우리 강아지

배변으로 보는 건강

반려견들이 너무 소중하고 사랑스러운 고은아 씨. 아침에 눈을 뜨자마자 하는 일이 아이들의 배변 체크군요. 아니 근데, 누군가의 똥에 하얀 가루가 묻어 있네요! 세상 심각한 얼굴로 배변을 요리조리 살펴봅니다. 인터넷으로 검색도 해 보고요. 이 변은 누구의 변일까요? 자자, 엉덩이 조사 들어갑니다. 아니 근데 항문을 살펴보다 말고 냄새를 맡는가 싶은데…… 지금 뽀뽀하는 건가요? 그 마음 알죠, 알고말고요. 반려인들은 모두 공감할걸요. 똥꼬까지 사랑스러운 우리 강아지인걸요.

Q 인터넷으로 얻은 반려견 건강 정보 팩트체크 들어갈게요. 반려견의 하얀 변은 영양제 과다 복용 때문인가요?

A 일시적인 현상이라면 걱정하실 필요 없을 것 같아요. 혹시 그 하얀 변의 모습이 어떠했나요? 흰색 가루가 무늬를 형성하며 박혀 있으면 칼슘이나 뼈 종류의 간식 섭취 때문입니다. 변 전체가 흰색으로 덮여 있을 땐 과도한 지방 섭취로 인한 소화불량 혹은 간, 담도 이상의 증상이기도 하므로 진료를 받아보시는 게 좋습니다.

Q 건강한 강아지의 대변은 어떤 모습인가요?

A 매일 변을 관찰하는 것만으로도 건강 체크가 가능합니다. 건강한 변의 색은 갈색에서 초콜릿 색. 뚜렷한 형상에, 한 번에 집어지며, 바닥에서 들어 올렸을 때 흔적이 남지 않을 정도의 농도입니다. 반대로 대변의 농도가 너무 무르거나 너무 딱딱하면 안 좋습니다. 그리고 악취가 나는 경우 건강의 이상 신호이니 반드시 내원하세요. 만약 붉은색이나, 검은색이라면 소화기 출혈, 녹색이라면 위장 질환이 의심되므로 빨리 병원 진료를 받는 게 좋습니다.

Q 강아지도 유산균을 먹이나요? 어디에 좋나요?

A 유산균은 장내 소화 기능에 도움을 주고, 면역체계에도 도움을 줍니다. 변 냄새, 변비, 설사 등의 문제를 개선하는 장 건강에 필수적이며, 피부에도 다양한 효과가 있습니다. 실제로 스위스 베른대학교 동물 유전학 연구팀이 설사 증상을 보이는 개들에게 유산균 실험을 했습니다. 그 결과, 개의 염증성 질환 활동 지수가 감소했으며 증상 역시 개선된 것으로 나타났습니다. 또한 영양면역학(Nutritional Immunology)에 따르면, 프로바이오틱스를 섭취한 개들은 그렇지 않은 개들과 비교해 체내 면역계를 보완하는 항체 성분들이 더 많이 분비된 것으로 확인됐습니다. 하지만 사람이 먹는 유제품을 먹이는 것은 절대 안 됩니다. 요구르트 등에는 설탕 함량이 높아 자칫 설사를 일으키거나 비만을 유발할 수 있습니다.

Q 강아지가 실외에서만 배변하려고 해요. 집에서 하게 하려면 어떻게 하나요?

A 밖에서만 볼일을 보려는 강아지들을 위해 화장실에 실외와 비슷한 잔디 매트를 깔아보세요. 배설을 유도한 후에 배변하면 칭찬해주는 것을 반복합니다.

Q **강아지 똥꼬 냄새가 너무 귀여워요. 엉덩이에 입이나 코를 갖다 대면 지켜보던 엄마가 질색을 하셔요. 그래도 괜찮지 않나요?**

A 항문의 유해균이 뽀뽀를 통해 사람의 장 속으로 들어가면 유해균 비율이 높아져 장 질환은 물론, 여성의 경우 질염이나 방광염에 걸릴 확률이 높아집니다. 아무리 귀여워도 똥꼬 뽀뽀는 참아주세요.

Q **강아지 배 마사지가 장 건강에 좋다고요?**

A 사실입니다. 강아지들이 좋아하는 게 산책, 간식 그리고 마사지입니다. 피로가 싹 풀리면서 기분 좋은 느낌을 받습니다. 강아지의 배를 마사지해주면 소화기계 순환을 원활하게 만들어 변비나 소화기계 질환을 예방할 수 있습니다.

Q **도대체 강아지 상체가 어디고, 하체가 어딘가요? 확실하게 알려주세요!**

A 우선 배꼽 찾아보세요. 배꼽은 위에서부터 3번 4번 유두 사이 가운데 털이 나지 않은 작은 원형 부위가 바로 배꼽입니다. 배꼽을 기준으로 위가 상체, 아래가 하체입니다.

배 마사지 법

1. 강아지 옆에 앉아서 갈비뼈의 정중앙에 있는 딱딱한 지점에서 손가락 한 마디 밑 부분을 살짝 압박합니다.
2. 수시로 해주면 도움이 됩니다.

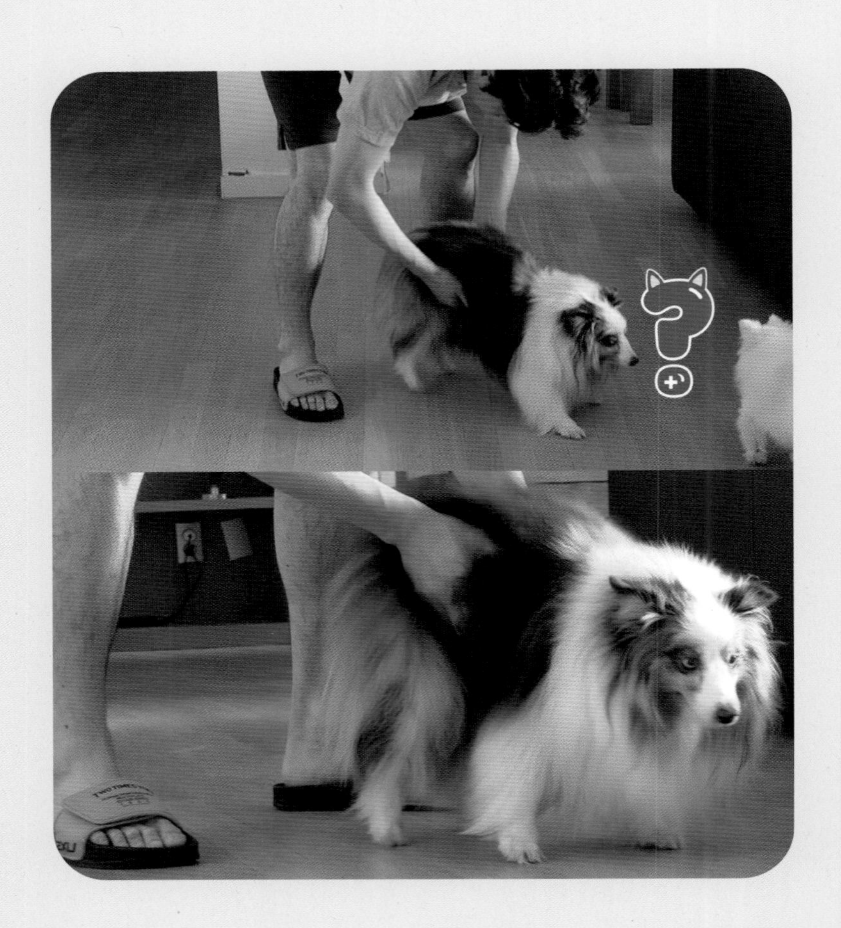

Q **보통 강아지들은 배꼽이 안 보이는데 하늘이는 배꼽 같은 게 육안으로 보이네요. 참외 배꼽 하늘이, 괜찮을까요?**

A 강아지에게 참외 배꼽이란 건 없습니다! 눈에 띄지 않는 배꼽이 정상입니다. 배꼽이 튀어나온 경우에는 두 가지를 의심해봐야 하는데 첫 번째로는, 배꼽 탈장 가능성입니다. 배꼽 주위에 생긴 구멍으로 지방이나 장기가 돌출된 배꼽 탈장일 확률이 높습니다. 장기가 돌출된 경우, 돌출된 장기가 망가져 괴사될 수 있고 심하면 장폐색까지 이어질 수 있기 때문에 긴급 수술이 필요합니다. 두 번째로는 지방종 가능성입니다. 소수의 확률이지만, 피부에 생긴 지방종일 수도 있습니다. 대게 양성이긴 하지만 종양 가능성을 간과할 수는 없습니다. 평소 잘 관찰해서 크기가 커지면 진료를 받아보셔야 합니다.

하늘이의 경우에는 배꼽 탈장인데요, 장기가 아니라 지방이 튀어나온 상태라, 크게 문제되지 않을 것 같습니다. 추후 상태를 지켜보면서 수술 여부를 결정하시면 될 것 같습니다.

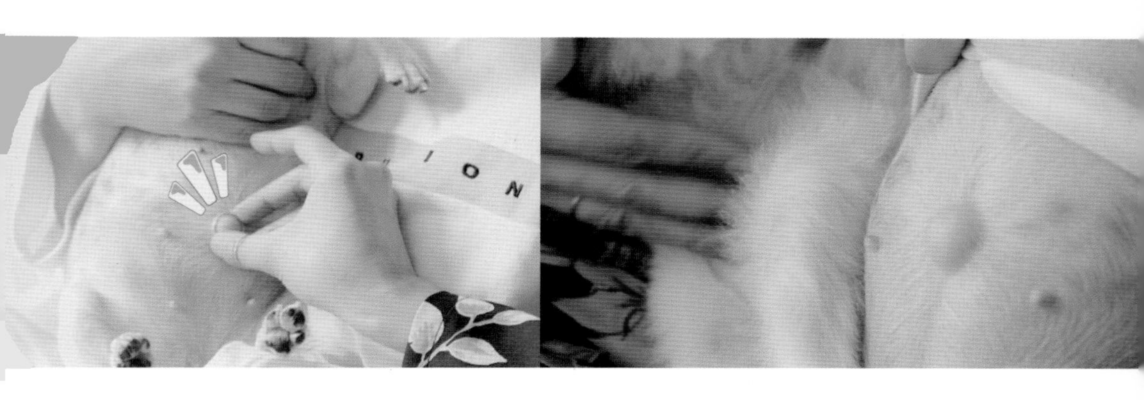

아프지말개
펫비타민

출산 경력이 있는 강아지의 중성화수술과 고혈압

출산 경력이 있는 강아지의 중성화수술

나이는 비록 많지만, 평소 잘 먹고 움직이고 노래하던 쫄리가 갑자기 밥을 못 먹기 시작하더니 결국 움직이지도 못하는 지경이 되었어요. 급하게 가까운 병원에 갔더니, 어서 큰 병원으로 가라고 해서 연수 씨가 많이 놀랐다고 합니다. 다행히 무사히 수술을 받았는데요, 쫄리는 자궁 축농증이었다고 하네요.

Q 자궁 축농증은 어떤 병이고, 왜 생기나요?

A 자궁 축농증은 자궁 내 농이 축적되는 병으로, 암컷 강아지 사망률 5위 안에 드는 흔하고 위험한 질병입니다. 자궁 축농증의 발생은 생리 시기에 자궁 내막이 부풀어 오르는데 이 시기 세균이나 진균 감염이 되면 자궁내막염으로 진행되었다가 염증이 생긴 자궁 내막에서 고름이 형성되어 자궁 안에 축적되게 됩니다. 그리고 몸 안으로 염증이 퍼지는 패혈증으로 이어지기도 합니다. 여자 강아지들은 6개월마다 생리를 하는데, 보통 생리 이후 발병률이 높습니다. 생식기에서 농이 나와서 알게 되는 것보다, 평소보다 활력과 식욕이 떨어져서 내원했다가 발견하게 되는 경우가 많습니다.

Q 자궁 축농증에 걸리면 수술만이 치료법이라고요. 예방법은 없나요?

A 중성화수술을 제외하고는 특별한 예방법은 없습니다. 만약 중성화를 하지 않았다면, 7세 이후 꼭 초음파나 혈액검사와 같은 건강검진을 통해 자궁의 상태를 미리 확인하고 진단 시 상태가 좋지 않다면 축농증으로 진행되기 전에 중성화수술을 진행하는 것이 좋습니다.

Q **쫄리는 출산을 했는데…… 주변에서 출산하면 괜찮다고 했거든요. 쫄리 딸 세리는 출산 경험 없어서 더 걱정이네요. 중성화 수술 꼭 해야 하나요?**

A 중성화수술은 해야 하는 이유가 하지 말아야 할 이유보다 많습니다. 일부 사람들은 반려견의 자유를 뺏는다고들 하시는데, 자유를 뺏는 게 아니라 동물복지의 일환으로 생각해야 합니다. 각종 생식 관련 질병(자궁 축농증, 유선종양, 고환암, 전립선 질환 등)을 예방하는 효과와 성호르몬으로 인한 마운팅 교정, 스트레스 예방 등 행동 측면에도 도움이 됩니다. 출산을 하면 자궁 축농증이나 유선종양이 걸리지 않는다는 오해를 많이들 하는데, 그렇지 않습니다. 7세부터 노령견의 반열에 들어서기 때문에 그전에 수술을 권해드리고 있습니다. 노령견의 경우 마취 위험성이 높거든요. 물론, 너무 이른 수술도 좋지 않아요. 생후 8주만 지나도 수술을 할 수 있지만 지나치게 빠른 중성화수술은 호르몬 장애와 함께 비만, 당뇨 등의 발생 위험이 있습니다. 보통 생후 5~9개월 사이, 성적 행동, 마킹 등의 행동을 보이기 직전에 수술을 하는 것을 권장합니다.

Q **쫄리, 조금이라도 늦었으면 매우 위급한 상황이었는데 반려동물에게도 골든타임이 있을까요?**

A 혀가 보라색이라는 건, 숨을 못 쉬고 혈액순환이 안 되는 것을 의미합니다. 이는 정말 위급한 상황이라 바로 병원으로 가야 합니다. 그리고 과도하게 입을 벌리고 숨을 쉴 경우는 집이 너무 덥거나 습도가 높아서일 수도 있지만 폐에 물이 찬 경우일 수가 있어서 꼭 검사로 확인을 해봐야 해요. 기운이 없거나 식욕이 없을 때, 숨이 거칠 때, 소변에서 붉은 색을 띄면 출혈이 있다는 신호입니다. 갑자기 주저앉아 다리를 못 쓸 때는 정형외과 질환이나 디스크 질환을 의심하고 빨리 병원에 가야 합니다. 디스크 질환은 48시간이라는 골든타임이 있습니다.

강아지 고혈압

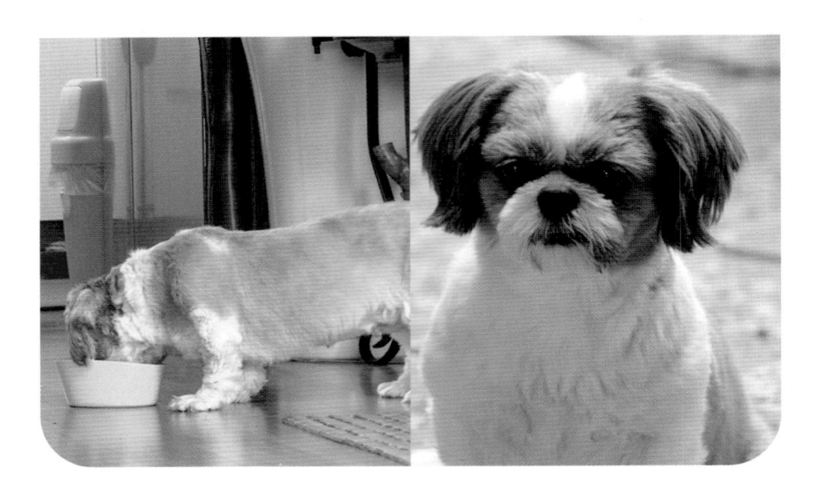

쫄리의 딸 세리는 건강검진을 받아본 결과, 다행히 자궁 쪽엔 이상 소견이 없었어요. 하지만 현재 심각한 고혈압이라고 하네요. 세리는 노화가 질병으로 이어지는 아주 중요한 단계에 있습니다. 평소 고혈압 시그널 같은 건 전혀 없었는데 말이죠.

Q 강아지도 고혈압이 있다고요?

A 네, 그럼요. 160mmHg 이상이면 약물 치료를 시작하고, 180mmHg 이상이면 중증 관리, 200mmHg이상이면 입원 치료가 필요한데, 세리의 경우 220mmHg였습니다.

Q 무서운 수치네요! 어떻게 하면 좋죠?

A 물을 많이 먹여야 합니다. 다짜고짜 물을 많이 먹이라고 하니 막연하시죠? 개의 경우 kg당 하루 40~60ml, 결석 환자의 경우 이것의 1.5배 정도 먹이는 것을 추천합니다. 세리는 6.3kg이니 378~576ml, 즉 최소 400ml를 먹어야 해요. 하지만 꼭 물을 먹어야 하는 친구들이 물을 잘 안 먹습니다. 그럴 때는 물에 참치 캔의 식물성 기름처럼 맛있는 향이 나는 기름 1~2방울씩 섞어주시는 것도 도움이 되고, 사료 급여 시 물에 불린 사료를 주면 수분 섭취에 도움이 됩니다.

아프지말개
펫비타민

강아지 심장 관련 질환

실외견의 최대 적, 심장사상충

실외에서 개를 기르는 게 나쁘다고 생각하시는 분들이 있는데, 사실은 전혀 그렇지 않다고 해요. 목줄 없이 마당에 자유롭게 생활할 때 자연에 가까운 흙냄새, 풀 냄새를 실컷 맡고, 땅을 파거나 벌레를 잡는 등 스스로 놀 수 있는 환경 덕분에 실내견보다 스트레스를 덜 받는다고요. 집 안 살림이 파괴되지 않는다는 장점은 덤이네요.

Q 강아지도 추위를 타나요? 코만 따뜻하면 추위를 안 탄다던데 정말인가요?

A 말도 안 되는 소리! 강아지도 사람과 똑같이 온몸으로 추위를 느껴요. 〈플랜더스의 개〉에 등장하는 파트라슈도 대형견인데 네로와 함께 겨울에 무지개다리를 건넜죠? 왜 그랬을까요? 너무 추워서 그렇습니다! 영하 10도부터는 기저 질환에 따라 생명에 위험도가 높아질 수 있어서 실외견들에게 겨울철 방풍이나 온실효과를 불러오는 비닐막 정도는 해주시는 것이 안전합니다.

Q 강아지를 실외견으로 키우기 위해 반려인이 주의해야 할 게 뭐가 있을까요?

A 야외에서 생활하다 보니 진드기, 개미를 조심해야 하고, 특히! 심장사상충에 걸릴 수 있으니 모기를 조심해야 합니다!

심장사상충 감염증에 걸리면 초기엔 별다른 큰 증상이 나타나지 않지만 3~4기 이상이 되면 호흡도 점차 힘들어져 운동을 못 하는 상태가 됩니다. 발견 즉시 병원 치료를 통해 조치를 취해야 합니다. 초기 단계는 수술이 아닌 약물로 치료가 가능합니다.

Q 심장사상충 감염증은 어떤 병인가요?

A 심장사상충 감염증은 모기가 강아지를 물 때, 모기 안에 있던 기생충 유충이 강아지의 혈류 내로 이동해 폐동맥에서 기생하면서 다양한 합병증을 유발하는 병입니다. 다른 기생충들은 소화기계 내에 존재해 구충제를 먹으면 되지만, 사상충은 혈관 내에 머물러 있어 치료 도중에 혈전으로 인해 사망할 가능성도 있어요. 혈관 안에서 6~7개월 돌면서 성장하다가 결국엔 심장으로 들어가 살게 됩니다. 폐동맥에 주로 기생하다가 숫자가 너무 늘면 뇌까지 침범하여 사망에 이르게 됩니다.

한 달에 한 번씩 심장사상충 약을 먹이는 것으로 예방이 가능하지만, 약을 먹다가 토를 하게 되면 약효가 나지 않으니 잘 살펴보세요. 그리고 사상충이 이미 성충으로 자랐다면 예방이 되지 않습니다. 복용하거나 등에 바르는 예방약, 주사제를 처방하기 전에 감염이 되지 않았는지 먼저 검사를 진행해 보세요. 1년에 1회 검사, 그리고 1년 내내 매월 예방약 투여가 기본입니다. 요즘은 사계절 모두 모기가 있기도 하고, 유충이 성충이 되어 심장으로 갈 수 있어 매달 예방하는 것이 안전합니다. 1회 주사로 1년간 예방되는 약도 있습니다.

모기를 매개로 감염되는 전염성 있는 질병은 실외견이 아니더라도 산책을 하다가도 감염될 수도 있어요.

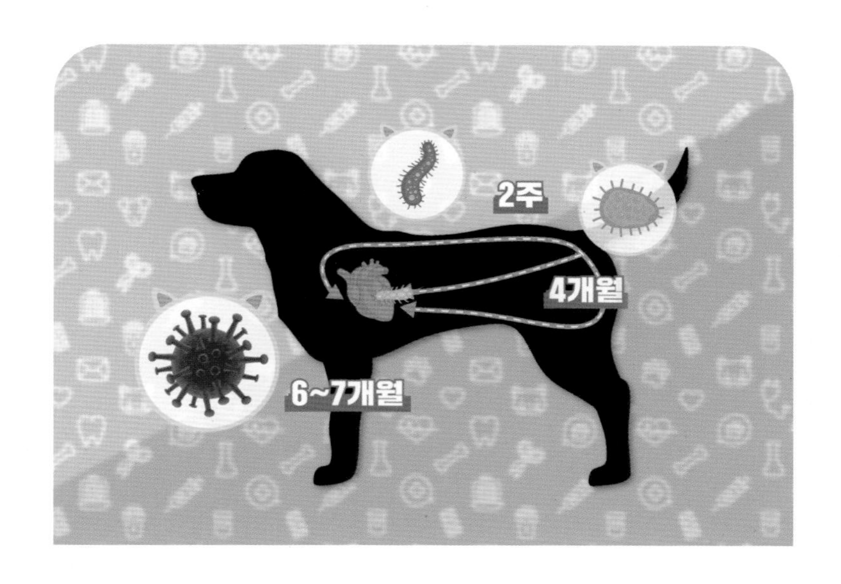

Q 심장사상충 감염증 증상이 있나요?

A 심장사상충의 가장 대표적인 증상은 기침입니다. 산책하다가 쉽게 지치기도 합니다. 심장사상충이 혈액을 뺏어 먹어 빈혈이 오기도 합니다. 혈관이 막혀 다리 관절이 부어오르고, 방치 시 팔다리의 괴사로 이어지기도 합니다. 패혈증이 일어나기도 하고요. 그러다 결국 사망에 이르게 되는 심각하고 무서운 질병이니, 조금이라도 의심되면 바로 검사해 보세요.

네 심장 소리가 내게 말을 해

샤벳, 아이스, 크림 중 샤벳만 데리고 산책을 나서는 서지석 씨. 금방 지쳐버린 샤벳을 격려하며 좀 더 걷게 하네요. 지석 씨가 이토록 샤벳의 운동에 열심인 이유가 있습니다. 불과 3~4개월 전까지만 해도 샤벳이 8kg의 비만견이었다고요. 반려인의 피나는 노력으로 2kg을 감량해 정상 체중에 다가왔습니다. 뿐만 아니라 아이스도 비만이었다고 해요. 아이스가 갑자기 호흡을 멈춘 응급상황이 발생해 지석 씨가 직접 인공호흡과 심폐소생술로 간신히 살려낸 전력이 있다고 합니다. 아이들의 건강에 극도로 예민해진 지석 씨. 이제는 아이들의 심장 소리를 들으면 건강 상태를 체크할 수 있는 경지라고요.

Q 선생님, 강아지 심장 소리로 건강 체크가 과연 가능한가요?

A 네, 가능합니다. 다이어트를 한다는 건 심장의 일을 줄여준다는 것. 비만일 경우에는 체내에 피가 많이 필요해서 심장이 온몸에 혈액을 보내느라 더 열심히 일을 합니다. 심장이 한 번만 뛰면 될 것을 두 번 뛰게 되는 부정맥이 발생하고, 이로 인해 심장 박동 소리에 이상이 생길 수 있습니다. 다이어트 덕에 샤벳의 심장이 제대로 뛰게 돼 쉭쉭거리는 잡음이 사라졌을 거예요.

Q 아이스를 심폐소생술로 살려냈다는 지석 씨. 강아지한테 심폐소생술을 직접 했다고요? 그걸 어떻게 하셨어요? 반려견이 어떤 상태일 때 심폐소생술을 해야 하죠?

A 우선 코에 손을 댔는데 숨이 안 쉬어질 때, 그리고 가장 많은 경우로 껌이나 과일을 먹다가 목에 걸려 혀가 보랏빛으로 변하면서 캑캑거리며 쓰러진다면 이물질을 제거한 후 바로 심폐소생술을 해야 합니다.

심폐소생술 하는 방법

맥박과 호흡 확인

1. 갑자기 의식을 잃으면 몸을 옆으로 눕혀
2. 코나 입에 손을 대거나, 가슴이 올라오는지 확인
   (숨 쉬면 심폐소생술 하면 절대 안 됨!)
3. 맥박은 허벅지 안쪽 대퇴동맥을 만져 확인한다.
   (평소 잦은 체크로 익숙해 질 필요 있음)

아예 호흡도 맥박도 없다면

1. 반려견의 왼쪽 가슴이 위로 오도록 눕히고
2. 고개를 들고, 혀가 말려 들어갔으면 빼내서 기도 열어주기
3. 14kg 이하의 소형견은 팔꿈치와 가슴이 닿는 부분(심장)에 손가락을 넣어 세게 압박
4. 1초당 1~2회 꼴로 심장 압박 30번 반복
5. 인공호흡, 입과 코를 한꺼번에 반려인 입에 넣고 두 번, 다시 심장 압박 30번
6. 총 2분 정도 후 호흡을 넣어준 후 맥박 확인!

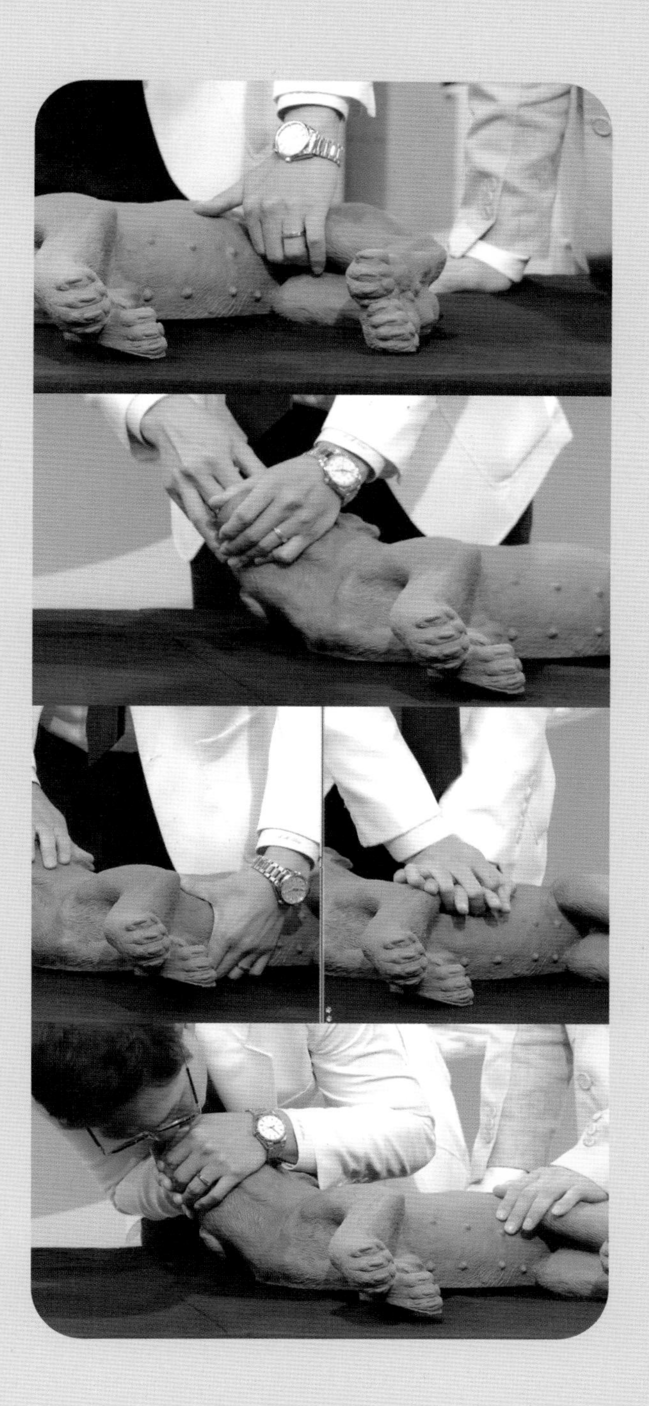

아프지말개
펫비타민

흔한 노령견 질환

견생이 재미가 없니?

보리는 8세. 나이가 제법 있긴 하지만, 그렇다고 아직 기력이 없을 연세는 아닌 것 같은데 축 처져서 온종일 누워만 있네요. 활력이 적을 뿐만 아니라 놀이에도 전혀 관심 없어요. 체력도 너무 부족해 보여서 혹시 건강에 이상이 있는 건 아닌가 걱정되어요. 강아지 나이 8세면 사람 나이로 54세! 인생은 60부터라는 말도 있는데! 강아지도 마찬가지 아닐까요?

Q 기력이 없을 때 의심해 볼 만한 병이 있을까요?

A 갑상선에 문제가 있을 경우 무기력해 보일 수 있고, 에디슨병(부신피질기능저하증)과 같은 내분비 질환, 만성 신부전, 심장 질환과 같은 노령성 질병도 무기력해 보일 수 있습니다.

Q 강아지도 갑상선 질환이 있나요?

A 그럼요. 사람처럼 아무 이유 없이 체중에 변화가 생기거나 자꾸 피곤해 보이면 갑상선 질환을 의심해 보세요. 갑상선 질환은 갑상선기능저하증과 갑상선기능항진증으로 크게 나뉘는데요, 증상과 치료법이 서로 다릅니다.

갑상선기능저하증

이름 그대로 갑상선 호르몬의 양이 줄어들어서 생기는 질병. 갑상선기능저하증의 경우 내복약으로 치료를 하는데, 약의 용량 조절이 매우 중요합니다. 약의 용량이 적절하지 않을 경우 부작용으로 갑상선기능항진증 증상이 나타날 수 있습니다.

갑상선기능항진증

갑상선기능저하증과 반대로 갑상선 호르몬이 과도하게 분비되어 나타나는 질병. 갑상선에 종양이 생기거나, 갑상선기능저하증의 약 처방이 적절하지 못한 경우에 걸립니다. 갑상선 종양은 대부분 악성입니다. 하지만 제거 수술만 잘 진행하면 무리 없이 지낼 수 있습니다.

갑상선기능 저하증 증상

- 갑자기 살이 찐다.
- 자꾸 존다.
- 피부에 기름이 낀다.
- 갑자기 털이 많이 빠진다.
- 피부에 염증이 생긴다.

갑상선기능 항진증 증상

- 갑자기 체중이 감소한다.
- 식탐이 는다.
- 음수량과 소변량이 는다.
- 구토를 한다.
- 설사를 한다.

Q **반려인 지우 씨는 아침에 일어나자마자 하는 일이 보리 마사지인가 봐요. 선생님, 모든 강아지가 좋아하는 마사지 포인트가 있을까요?**

A 정수리에 귀 끝이 만나는 자리부터 척추를 따라 꾹꾹 눌러주면서 내려오다가, 뒷다리 안쪽 아킬레스건 부근까지 마사지해주면 심신 안정과 심장의 열을 빼주는 효과가 있어요.

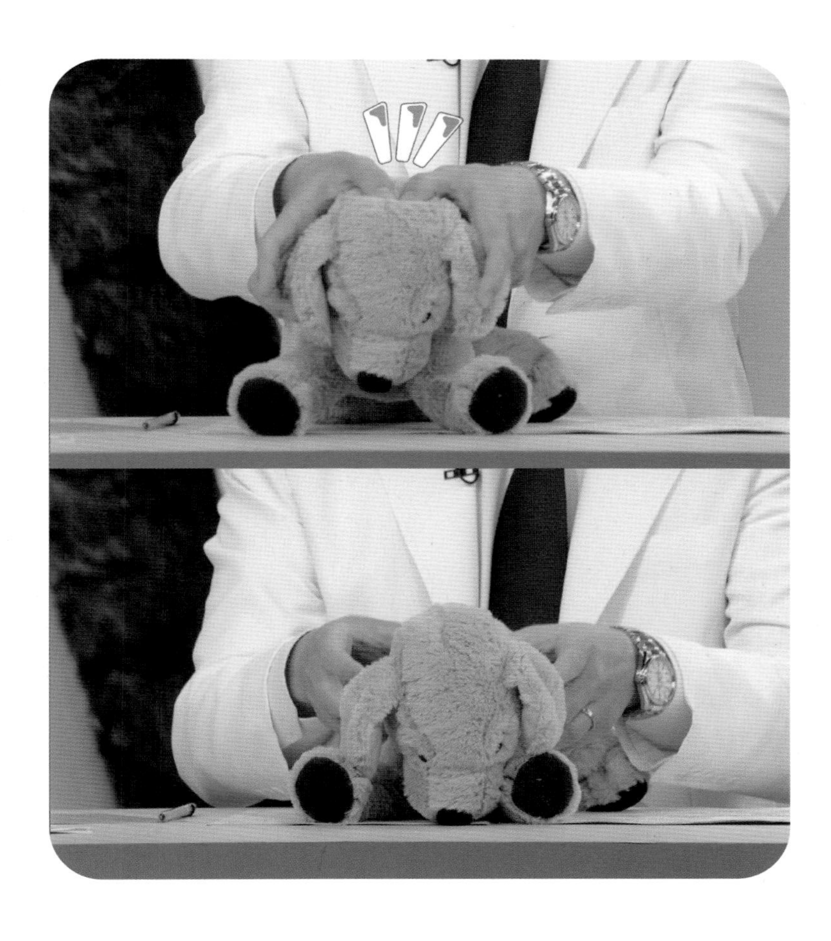

Q

강아지도 백내장이 있나요?

A

있습니다. 노화도 원인이지만, 유전적인 이유와 합병증으로 나타날 수도 있습니다. 사람처럼 초점이 잡히지 않는다거나 시력이 떨어지는 자각증상이 있으면 알아채기 좋겠지만, 강아지들은 수정체가 하얗게 흐려지는 완전 백탁이 아닌 이상 시력이 보존되기 때문에 초기 백내장과 미성숙 백내장일 경우에는 육안으로 확인이 힘들어요.

기민하게 움직이던 반려동물의 움직임이 더뎌졌다거나, 초점을 맞추기 위해서 눈동자를 왔다 갔다 한다거나, 눈을 자주 비비거나, 눈을 찡그리는 증상, 어두운 곳을 찾는 행동 등을 시그널로 볼 수 있습니다. 선천적으로 백내장에 취약한 골든리트리버, 코커스패니얼, 보스턴테리어, 그리고 페키니즈가 안구 질환이 잘 걸리는 견종이므로 6~7세부터 검진이 필요해요. 통증이 없고 천천히 진행되는 백내장은 초기에 발견하면 안약으로 진행을 멈출 수 있습니다.

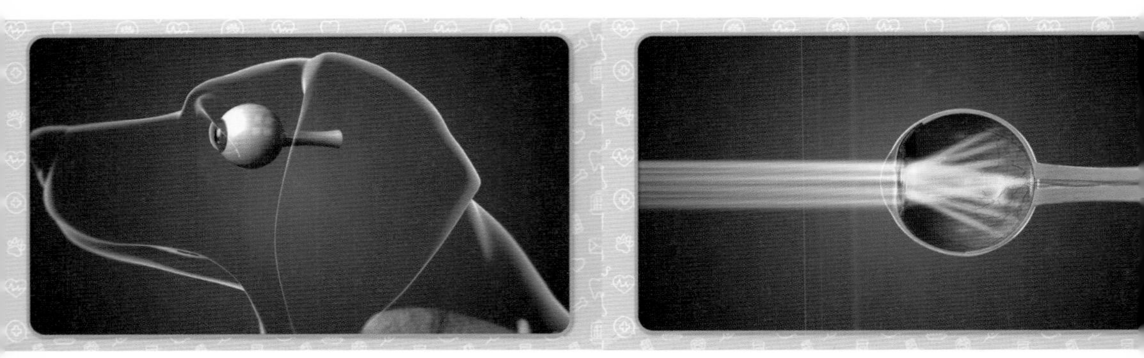

Q 백내장 예방법과 관리법을 알려주세요.

A 고품질의 사료와 항산화제 등을 꾸준히 급여하시면 질병의 발생을 최대한 예방할 수 있고요, 비타민A가 풍부한 브로콜리, 당근, 토마토를 살짝 데쳐서 주면 좋아요. 또한 피쉬오일 등의 불포화 지방산을 급여하는 것도 추천합니다. 무엇보다 비만이 되지 않게 관리해주세요. 당뇨의 합병증 중 하나가 백내장입니다.

야외 활동을 많이 하거나 노령의 경우에 자외선을 피하는 것도 필요합니다. 눈 주변을 항상 깨끗하게 관리하고, 속눈썹과 눈 주변 털이 눈동자를 찌르거나 자극하지 않도록 신경써주세요. 눈물과 눈곱으로 눈 주변이 습해져 피부염이 생기지 않는 게 중요합니다.

백내장에는 정기적인 검진과 평소에 반려동물을 잘 관찰해주시는 것이 좋습니다. 그리고 상태에 따라 빠른 수술을 권합니다.

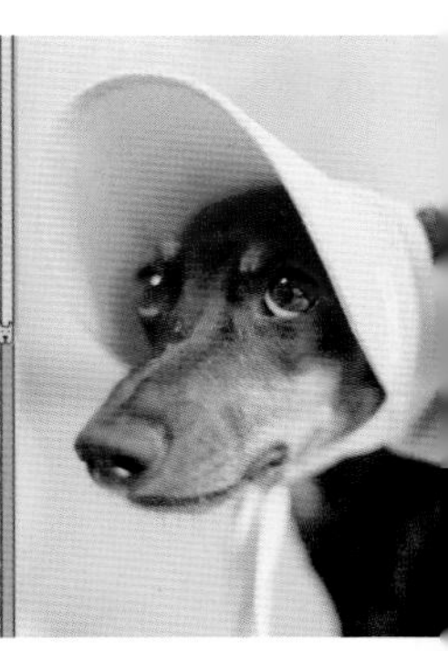

Q 강아지가 갑자기 물을 많이 먹기 시작했어요. 당뇨일까요?

A 평소보다 갑자기 물을 많이 먹고 소변량이 늘고 체중이 줄었다면 당뇨를 의심합니다. 당뇨는 혈액 속에 포함된 당분의 농도가 높아 췌장에서 인슐린이 제대로 분비되지 못하는 증상입니다. 비만이거나 노령인 경우에 많이 나타납니다.

내원하여 소변검사와 혈액검사로 당뇨 여부를 평가하고, 초음파 검사 등으로 신장과 간이 제대로 기능하고 있는지 살펴봐야 합니다. 일찍 발견하면 식이요법 등으로 극복할 수 있습니다. 하지만 오래 방치하면 고혈당으로 인한 만성 췌장염, 신장병증, 신경병증, 방뇨병성 등 각종 합병증이 유발되며, 저혈당 쇼크로 인해 생명이 위험해질 수 있어요.

노화 시그널

☑ 털의 윤기가 사라지고, 흰털의 경우 누런 끼가 돈다.

빗질로 죽은 털을 제거하고 피부를 자극하여 혈액순환을 도와주세요.

☑ 움직임이 눈에 띄게 준다.

근육과 뼈, 관절이 노후되면서 움직임이 둔해져요.

☑ 이름을 불러도 잘 반응하지 않는다.

청력이 약해져요. 크게 소리 지르면 야단을 맞는다고 생각할 수 있으니 부드러운 목소리로 이야기해주세요.

☑ 식욕이 준다.

후각과 미각이 약해져요. 체중이 줄면 기력이 저하될 수 있으니 시니어 전용 사료로 체중을 유지시켜주세요.

☑ 배변 실수가 잦다.

괄약근의 힘이 약해져요. 잠자리 근처에 시트를 놓아주세요.

☑ 딱딱한 음식을 안 먹는다.

그렇다고 습식 사료만 먹으면 치석이 생길 수 있어요. 치아 관리에 더 신경써주세요.

아프지말개
펫비타민

나이 든
반려견과
함께하기

나이 든 반려견과 함께하기

가수 황보 씨는 진쓰의 잦은 기침과 구토 때문에 걱정이라고요. 또한 생식기를 핥는 모습이 자주 포착되어 이것도 걱정이에요. 저런, 진쓰가 자궁 축농증을 앓았었군요. 이 병력이 나이가 들면서 난소 호르몬의 이상으로 진행되어 암이 되었다고 합니다. 착한 성격의 진쓰가 내색하지 않고 잘 견뎌왔네요. 나이 든 아이와 함께하는 반려인들이 알아두면 좋은 정보 있나요?

노령견이 된 아이를 위하여

내원하여 자주 체크하기

신체적인 기능 저하 이외에도 면역력도 약해져 질병의 발병률도 높아지기 때문에 병원에 자주 방문해 몸 상태를 점검하는 게 좋아요.

더 많이 사랑해주기

강아지가 자신이 이전과 다르다는 것을 느끼는 과정에서 불안감을 느낄 수 있어요. 부드럽게 말을 걸어주시고 쓰다듬어 안정감을 찾아주세요.

산책 방법을 바꿔주기

특히 산책을 할 때엔 운동의 강도는 물론 심리적인 부분까지 신경써야 할 부분이 많아요.

산책을 가기 싫어한다면 억지로 데리고 시키기보다는 동물 전용 캐리어 등으로 기분 전환만 시켜주는 것도 좋아요. 노령견이 이전과 똑같은 강도로 산책하다가 급사하는 경우가 많다고 해요.

무리한 운동 금지

심장, 관절, 척추의 노화로 쇠약해져 있기 때문에 계단 오르내리기, 원반 던지기는 관절과 척추에 무리가 됩니다. 좋아하더라도 하지 않는 게 좋아요.

Q 강아지도 치매가 있다고요? 강아지의 치매를 알아채기 위한 체크 리스트가 있나요?

A 7세 이상의 성인견은 치매에 걸릴 수 있어요. 사람과 마찬가지로 초기에 미리 알아차리면 중증 치매를 예방할 수 있습니다. 후기로 넘어가면 투약 치료도 필요합니다.

Q 상상만 해도 너무 슬퍼요. 강아지 치매를 예방하는 방법을 알려주세요.

A 가장 좋은 예방법은 올바른 영양 섭취와 적당한 운동입니다. 비타민과 미네랄이 풍부한 일정량의 과일은 뇌 건강에 도움을 주고, 규칙적인 산책은 뇌에 좋은 자극을 줍니다. 만약 산책이 어려운 상황이라면 실내에서도 후각을 이용한 놀이를 할 수 있도록 해주세요.

초기 치매 증상

- ☑ 목적 없이 헤매고, 가만히 허공을 보는 것 같은 행동이 증가했다.
- ☑ 서성거리고 잘 쉬지 않으며, 수면 시간이 감소했다.
- ☑ 빙글빙글 돌거나 핥고 씹는 행위가 증가했다.
- ☑ 익숙한 장소에서 길을 잃는 행위가 증가했다.
- ☑ 실내에서 소변이나 대변 실수가 잦아졌다.

후기 치매 증상

- ☑ 가족들을 알아보지 못하고 공격한다.
- ☑ 다른 동물을 공격하거나 물건을 물어뜯는다.
- ☑ 벽을 마주보고 오랫동안 앉아 있거나 구석에서 머리 대고 서 있는다.
- ☑ 밥을 먹거나 자는 도중에 대소변을 본다.

Q 강아지도 암이 있나요?

A 반려견 사망 이유 1위가 암일 정도로 암은 흔한 질병입니다. 의학기술의 발달과 함께 반려동물 고령화로 인해 더욱 많아지고 있습니다. 암은 온몸의 다양한 부위에 생기는 병입니다. 암세포를 그대로 방치하면, 종양이 점점 커져 주위 조직을 압박하게 됩니다. 또한 암세포는 쉽게 전이됩니다. 전이 장소에 따라 다르지만 심각한 경우 다양한 증상과 함께 결국 죽음에 이르는 병입니다.

Q 대표적으로 어떤 암이 있나요?

A 사람과 같이 아주 다양하고 빈번하게 발생합니다. 구강에 생기는 흑색종이나 상피세포암종, 안구에 잘 생기는 흑색종, 뇌에 생기는 수막종을 비롯하여 폐에 생기는 선암종, 간이나 장기에 발생하는 혈관육종, 혈액이나 림프절에 생기는 임파종, 피부에 생기는 비만세포종이나 조직구종 등 그 종류가 너무나도 많고 다양한 치료 방법을 사용합니다.

구강암

대표적인 구강암은 악성 흑색종, 편평 세포암, 섬유육종입니다. 흔히 구강암은 침이나 출혈, 식욕 감퇴, 외모의 변화나 냄새로 발견됩니다. 전이성이 높은 악성 흑색종과 달리, 종양, 편평 세포 암종과 섬유 육종은 악성 흑색종에 비해 전이성은 낮지만, 구강 내에서 발생하여 식사를 할 수 없게 되며, 결국 사망에 이르게 합니다.

피부와 몸의 암

반려견의 몸을 만져 덩어리가 확인되면 피부의 암일 수도 있습니다. 대표적인 암은 림프종 비만 세포종, 연조직 육종입니다. 림프종 및 비만 세포종은 간장이나 비장, 골수로 전이되어 결국 전신 상태의 악화로 죽음에 이르게 합니다. 연부 조직 육종은 전이성이 낮은 반면 점점 비대해져 주위 조직을 압박하고 기능 장애를 유발할 수 있습니다.

호흡기암

호흡기 관련 종양은 비강선암, 폐선암, 폐편평세포암종입니다. 비강선암은 진행이 빠르고 뼈가 파괴되면서 안면 변형을 일으킵니다. 폐선암과 폐편평세포암은 초기 단계에서는 그다지 증상을 나타내지 않는 편이지만, 말기가 되면 기침이나 호흡이 거칠어지는 등의 증상이 나타납니다.

간암

간암이라고 하면 흔히 간세포암을 뜻하며, 비장혈관육종으로 불리는 종양이 많습니다. 간세포암은 식욕 부진과 체중 감소 등 뚜렷한 증상이 없습니다. 혈관육종의 경우 출혈로 인한 빈혈이 발생합니다. 복강에 있는 종양은 모르는 사이에 커져 찢어지는 것이 많습니다.

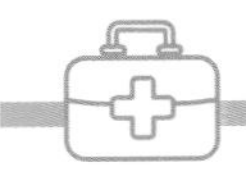

소화기암

소화기에 많은 것은 림프종, 장선암, GIST(위장관 기저 종양), 연부 조직 육종이라고 하는 것입니다. 초기 증상은 별로 특이한 것이 없지만, 식욕 부진이나 체중 감소 경향이 있습니다. 소화기 종양은 방치하면 구토나 설사를 일으키는 원인이 되고, 결국은 영양 부족으로 사망에 이르게 됩니다.

방광암

방광 종양으로는 상피암이 많고, 증상은 혈뇨나 배뇨 장애를 일으킵니다. 항문 주위에 많은 종양이 항문낭선암, 항문 주위 선암이 있습니다. 항문 주위의 암이 커지면 배변하기 어려운 상태가 되며 그러다 결국 대변이 나오지 않게 될 위험성이 있습니다.

Q 반려견이 암에 걸리는 이유는 뭘까요?

A 암의 원인으로는 다섯 가지 요인이 있다고 알려져 있습니다. ①유전적인 요인 ②화학적 요인(환경 요인, 살충제, 제초제, 살충제) ③물리적 요인(광선, 자기장 방사선) ④호르몬적 요인(에스트로젠, 프로제스테론, 안드로젠, 테스토스테론) ⑤생물학적 요인(병원성 바이러스).

보스턴테리어 등 특정 품종이 가진 원인을 제외하고는 유전적인 원인이 가장 높다고 보고 있습니다.

Q 반려견의 암을 예방하기 위해서는 어떻게 해야 할까요?

A 매일 반려견의 상태를 확인하고 기운이 있거나 식욕이 있는지, 대소변의 상태를 확인해야 합니다. 눈, 귀, 구강, 항문 주위를 눈으로 확인하고, 머리에서 꼬리 끝까지의 피부를 손으로 만져 몸에 종양과 같은 것이 없는지 확인하는 습관을 갖는 것이 좋습니다. 흉강이나 복강 내에 있는 암은 좀처럼 발견하기 어렵습니다. 사람과 마찬가지로 조기 발견이 매우 중요하기 때문에 주기적으로 건강검진을 해주는 것이 좋습니다. 노령견의 경우 7세 이상은 1년마다, 13세 이상은 6개월마다 정기적으로 검진하는 것이 좋습니다.

암에 효과가 있는 보충제를 섭취하는 것도 도움이 되겠습니다. 오메가3 지방산과 아가리쿠스, 상어 연골이 좋습니다. 다만, 암에 직접 효과가 있다기보다는 어디까지나 면역력을 높이기 위한 것으로 생각해주세요.

Q 진쓰를 위한 처방을 주신다면?

A 수의학에서도 종양 치료를 위해서 항암, 면역 치료 등 다양한 치료법이 시도되고 있는데요, 특히 종양을 제거해 고통을 줄여주는 항암 치료는 보호자와 충분히 논의를 거친다면 노령견도 가능하다고 판단됩니다. 다만 진쓰의 경우 자궁 내 종양을 제거하더라도 심장 질환이 염려되는 상황입니다. 오히려 수술이 줄 부담을 염두에 두면 삶의 질을 고려해 호스피스 단계를 생각해볼 수 있습니다.

Q **강아지도 호스피스가 가능한가요?**

A 물론입니다. 호스피스를 고려하신다면, 통증 완화, 산소 공급을 위한 준비물을 집에 구비하시고, 미끄럼 방지를 위해 쿠션과 매트를 곳곳에 깔아주시는 게 좋겠습니다. 진쓰의 경우엔 간식 외에는 어떠한 재미 요소도 없는 것으로 보여집니다. 노즈워크 등 강아지가 좋아하는 놀이를 통해 진쓰에게 적절한 운동과 재미 요소를 부여해주시면 좋겠습니다.

Q **아픈 반려견을 지켜보는 것이 괴로워요. 이별을 위한 마음의 준비를 하는 방법이 있을까요?**

A 반려견이 떠나면 산책을 더 자주해줄 걸, 신경을 더 많이 써줄 걸 등 못 해준 것들을 떠올리며 후회하게 됩니다. 그러니 함께 지내 온 시간을 되새기면서 남은 시간 내에서 최대한 의미 있게 지내는 게 중요합니다. 남은 기간 최선을 다할 수 있도록 버킷리스트를 작성하고 실행에 옮겨보면 어떨까요.

Q **반려동물이 떠난 후 겪는 상실감과 우울 증상, 펫로스 증후군을 극복하는 방법이 있을까요?**

A 슬픔을 받아들이고, 그에 대한 내 마음을 차차 바꿔가야 합니다. 의미 있는 시간을 추억하거나, 편지를 써보세요. 반려견

과 함께하던 시간에 다른 할 일을 찾아보는 것이 도움이 될 거예요. 먼저 떠난 아이의 이름으로 동물 보호 단체를 후원하거나, 유기견을 돕는 일을 해 보면 어떨까요?

Q 키우던 동물을 떠나보내고 바로 새로운 반려동물을 입양하는 사람이 있는가 하면, 떠난 아이에 대한 그리움으로 입양을 망설이는 사람이 있어요. 저는 이러지도 저러지도 못하겠어요.

A 어떤 경우든 죄책감을 갖지 않는 것이 중요합니다. 죄책감이 드는 경우에는 마음을 추스를 수 있는 애도의 시간을 충분히 갖고 난 후에 입양을 하는 것이 새로운 반려동물과의 관계에도 더 바람직할 수 있을 것 같습니다. 전 애인과 헤어지고 마음이 정리되지 않았는데 잊기 위해 다른 사람을 성급히 만났다가 안 좋게 끝나기도 하잖아요. 반려동물도 이와 비슷할 수 있을 것 같습니다. 건강한 마음을 되찾았다 판단되면 새로운 반려동물을 만나도 좋겠습니다.

사지 마세요, 입양하세요

반려동물을 키우는 인구가 1,500만 명을 웃돌지만, 그만큼 동시에 느는 것이 동물 유기를 비롯한 학대 사건 사고입니다.
다행스럽게도 동물 문제에 심각함을 느끼고 공존을 모색하는 사람 또한 늘고 있습니다. 대표적으로 길고양이 번식을 막기 위한 지자체 단위의 노력인 중성화 사업(TNR)이 있고, 가깝게는 동네 단위로 자발적으로 운영되는 캣맘 조직이 있습니다.

사지 않고 유기된 동물의 가족이 되어주는 건 그 무엇보다 적극적인 운동입니다. 준비가 아직 덜 되었거나 형편이 안 된다면 안락사 명단에 오른 동물을 임시로 보호해 시간을 벌어줄 수도 있습니다. 보호소 입양 안내 SNS 게시물을 퍼 나르는 것도 도움이 됩니다.

〈펫 비타민〉 사회자들처럼 하루 날 잡고 유기 동물 보호소 봉사활동을 다녀올 수도 있습니다. 보호소를 청소해주거나, 우리를 벗어나 잠시 산책을 시켜주는 것만으로도 사람들에게 상처받은 친구들에겐 크나큰 위로이자 격려입니다. 시간을 내기 어렵다면 보호소에 필요한 물품을 후원하거나, 시설 유지를 위한 비용을 보태는 방법도 있습니다.

무엇보다 이러한 노력은 사랑을 주고받고, 자신과 주변을 돌보는 것에 익숙하지 않은 우리 사회를 위하는 값진 마음입니다.

사지 마세요,

입양하세요

1판 1쇄 인쇄 2021년 9월 15일
1판 1쇄 발행 2021년 9월 25일

지은이 KBS 〈펫 비타민〉 제작팀
펴낸이 정은선

편집 최민유, 이우정
마케팅 왕인정, 이선행
디자인 ALL contentsgroup

펴낸곳 ㈜오렌지디 **출판등록** 제2020-00013호
주소 서울특별시 강남구 선릉로428 14층
전화 02-6196-0380 | **팩스** 02-6499-0323

ISBN 979-11-91164-95-4 (13490)

www.oranged.co.kr